강화 걷기여행

살 아 있 는 역 사 박 물 관

강화 걷기여행

김우선 지음

터치아트

강화를 사랑하는 사람들을 위하여

우리가 튼튼한 두 다리로 이 땅 위를 걸을 수 있다는 것은 그 자체로도 축복이다. 강화도 갑곶에서 초지까지 자동차로 가면 불과 이십 분이 채 안 걸리는 거리를 하루 종일 걷노라면 못보고 지나친 것이 얼마나 많은지 실감한다. 도시의 빌딩과 아파트 숲에서 시달리거나 인터넷에서 쏟아내는 엄청난 양의 정보를 좇다가 지친 이들이라면 이제라도 늦지 않다. 차에서 내려 뚜벅뚜벅 자연 속으로 걸어가 보라. 서울에서 가장 가까운 거리에 있는 섬, 강화는 언제나 싱싱한 바닷바람을 맞으며 우리를 기다리고 있으며, 염하를 따라서 밀물과 썰물은 하루에 두 차례씩 어김없이 먼 바다로부터의 거친 호흡을 전하고 있다. 포구마다 삶의 애환이 진하게 드리운 그 길을 걸어 보지 않고서 어찌 강화의 아름다움을 이야기할 수 있으랴.

강화의 아침은 갑곶돈대와 동락천에서 시작된다. 이른 아침, 동락천 물에 비친 이섭정과 벚꽃, 개나리, 연초록 버드나무 가지가 어우러져 한바탕 빚어내는 봄의 향연은 진정 이곳이 아침의 땅임을 알리면서 동시에 멀리 남산과 고려산, 혈구산에 이르기까지 선사시대로 거슬러 올라가는 아득한 여로의 시작을 보여주기도 한다. 분오리돈대에서 장화리 버드러지마을까지 황홀할 정도로 아름다운 해넘이길은 또 어떤가. 까마득한 갯벌 끝자락 수평선으로 해가 지면 달은 어느새 동쪽에서 떠올라 바닷가 조붓한 오솔길 따라 갈 길을 재촉한다. 그리하여 햇살 눈부신 가을날, 단풍 고운 전등사 동문길을 내려와 황산도까지 물고기 비늘처럼 반짝거리는 바다를 맞이하러 가볍게 걸음 옮길 수 있음은 아마도 살아 있는 날 우리가 누리는 최고의 행복 중 하나로 꼽아도 결코 부족함 없으리라.

최고의 행복으로도 뭔가 부족하다면 한겨울 꽁꽁 얼어붙은 망월평야가 우리를 기다리고 있다. 그저 사방이 허허벌판이며, 도망칠 곳이라고는 바다밖에 없는 이 땅에서는 숨 돌릴 겨를도 주지 않고 거세게 몰아치는 바닷바람과 친해질 수밖에 없다. 하여 바람이 조금이라도 누그러지면 눈썹에 어룽거리면서 얼어붙은 것 같은 눈물을 닦아내 보지만 그도 잠시, 온 몸과 마음을 얼음처럼 투명하게 만들어 버리기라도 할 듯, 망월평야의 겨울바람은 그렇게 모질고도 집요하게 우리들의 가슴을 온통 헤집어 놓고야 만다.

짙푸른 간척지 들녘, 뙤약볕 아래서 벼가 익어가는 한여름일지라도 한강과 임진강, 예성강이 빚어낸 한 송이 연꽃, 강화는 그 속속들이 내밀한 아름다움을 결코 쉽게 내주지 않는다. 그만큼 공을 들이고, 다리품을 팔아야만 비로소 강화는 수수만년에 걸친 장엄한 대서사시의 일부만을 슬쩍 드러낼 뿐이다.

고인돌처럼 역사시대 이전 까마득하게 먼 옛날부터 묵묵히 이곳 사람들과 함께 해온 아름다운 강화의 자연이여, 산천이여, 바다여, 영원하라.

2009년 가을
저자 김우선 씀

차례

걸어서 강화 탐험하기

한반도의 심장부를 적시며 도도하게 흘러내린 강들이 향연을 이루며 서해 바다로 흘러드는 바로 그 길목에 활짝 피어난 꽃송이 강화, 이름 그대로 오랜 세월에 걸쳐서 강화는 이들 하천 수운의 긴요한 경유지로서 명성을 떨쳐왔고, 교동, 석모, 주문, 볼음도와 같은 크고 작은 섬들을 거느리며 바다와 육지를 연결하는 전략적 요충지의 역할을 충실히 해왔다. 이 같은 사실은 서기 392년 고구려 광개토대왕 때 강화에 '갑비고차(甲比古次)', 즉 '혈구(穴口)'군을 설치했으며, 그보다 360여 년 후인 신라 경덕왕 때는 '해구(海口)'군을 설치했다는 기록에서도 여실히 입증된다. 갑비고차나 혈구, 해구와 같은 지명은 모두 '강으로 들어가는 입구 또는 바다로 나가는 출구'라는 뜻을 담고 있으며, 시대를 막론하고 강화가 해상 교통의 요지로서 중시되었다는 점이 드러난다.

이렇게 의미심장한 섬인 강화에는 일찍이 청동기시대 거석문화의 흔적으로서 고인돌이 남아 있으며, 삼국시대와 고려와 조선은 물론이고, 근세 국난 극복의 현장에 이르기까지의 다양한 문화유산이 분포하고 있다. 섬 전체가 가히 하나의 '살아 있는 역사박물관'이라 해도 과언이 아닌데, 특히 강화 부근리나 오상리 고인돌은 2000년 유네스코에서 정한 세계문화유산의 반열에 오름으로써 강화를 국제적인 명소로서 이름 내는 데 크게 기여하고 있다.

이미 지난 1995년 인천광역시에 편입된 강화는 21세기 들어와서 혁명적인 변화가 들이닥칠 조짐이 역력하다. 인천시에서 오는 2014년 아시안게임이 열리기 전까지 길이 11km 의 다리를 영종도에서 신도 거쳐 강화도 남단까지 놓겠다는 계획이 바로 그 변화의 신호탄이다. 이는 장차 교동도를 잇게 될 다리와 더불어 남북경제교류 활성화 시기에 발맞춰서 개성까지 이어지는 환서해안고속도로의 일부가 강화를 관통한다는 것을 뜻함과 동시에 강화도 남북단 일부가 인천경제자유구역에 편입되는 것까지 포함하고 있다. 이로 말미암아 찬란한 민족문화유산을 간직한 살아 있는 역사박물관으로서의 강화는 장차 그 운명이 바람 앞에 등불과도 같은 신세가 되고 말았다.

이러한 격변의 와중에서 《강화 걷기여행》이 강화를 사랑하는 모든 이들과 더불어 강화의 아름다움과 소중함을 지켜내는 데 도움이 되기를 바란다.

1. 이 책, 어떻게 이용할까

지도와 코스 안내 이용하기

이 책은 걷기여행 코스마다 지도를 곁들여 상세하게 길을 안내한다. 지도와 코스 안내를 함께 보면 누구라도 걷기 코스를 찾아갈 수 있다.

코스 안내에는 걷는 거리와 소요 시간을 표기하였는데, 이는 답사지에서의 동선이나 한 장소에서 머무르는 시간을 포함하지 않고 순수하게 걷는 거리와 시간만 나타낸 것이다. 걷는 시간을 계산할 때는 평지의 경우 시속 4km, 산길이나 언덕길은 시속 2km로 걷는 것을 기준으로 삼았다. 따라서 실제 걷기여행을 할 때는 책에 제시한 것보다 시간이 더 걸릴 수 있으며 전체 소요시간은 사람마다 차이가 날 수 있다.

특별 부록으로 제작한 〈강화 걷기 지도〉는 실제 걷기여행을 떠날 때 가지고 가면 수시로 길을 확인할 수 있어 많은 도움이 된다. 지도에는 걷기여행 코스를 눈에 잘 띄게 표시하고, 각 코스에서 찾아볼 수 있는 역사·문화 유적은 번호를 붙여 따로 표시하였다. 지도에 표시한 기호의 뜻은 범례를 참고한다.

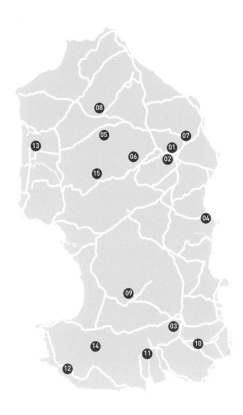

01 강도(江都) 사대문길
02 강화읍성길
03 정족산 삼랑성길
04 강화 외성길
05 세계문화유산 고인돌길
06 고려산 오련지(伍蓮池)길
07 대금동 황사영길
08 봉천산 오층석탑길
09 진강산 흰구름길
10 황산도길
11 선두포길
12 해넘이 돈대길
13 망월평야 달맞이길
14 마니산 매너미고개길
15 고비고개길

지도를 읽는 것이 익숙하지 않은 사람이라면 걷기여행을 준비할 때부터 지도를 열심히 들여다보면 도움이 된다. 다음과 같은 방법으로 지도를 활용하면 더 알찬 걷기여행을 할 수 있다.

길 떠나기 전: 강화 걷기 코스 정보의 대부분은 지도에 있다. 떠나기 전에 지도를 외울 정도로 봐둔다.

길에서: 귀찮아하지 말고 수시로 지도를 꺼내서 주변 지형과 비교·확인해 본다. 지도와 친해지다 보면 자신도 모르게 독도법 능력이 향상되는 것을 느낄 수 있다. 필요하다면 지도상에 메모도 해둔다.

집에 돌아와서: 다녀온 길을 머릿속에 떠올리며 실제 길 위에 있는 것처럼 느껴질 만큼 지도상의 길을 더듬어 본다.

걷기 코스 연결하기

강화 걷기여행 코스는 시간과 체력이 닿는 범위 내에서 얼마든지 변형과 이어 걷기가 가능하다는 점이 특징이다.

- 걷기여행의 메인 코스는 강화를 동서로 가로지르는 고비고개길과 염하 따라 이어가는 강화외성길, 강화도 남단을 훑는 해넘이돈대길, 그리고 강화도 서쪽 일대를 섭렵하는 달맞이 망월평야길이다. 강화역사관에서 출발하여 강화외성길과 황산도길, 선두포길, 해넘이돈대길을 잇는다면 강화도 해안선의 절반을 종주하는 것이 되지만 하루에 걷기에는 먼 거리다. 민통선 남쪽의 강화 해안선 완주 코스는 가릉포 거쳐 망월평야와 무태돈대까지 잇는 길이지만 이 책에서는 다루지 않았다.

- 고비고개길은 강화읍성길이나 고려산 오련지길, 세계문화유산 고인돌길, 봉천산 오층석탑길 등과 이어진다. 특히 중간에 청련사나 고려 고종 홍릉을 거쳐 고인돌길이나 망월평야길로도 이어나갈 수 있다.

- 강화읍성길은 고려궁길과 함께 걸어볼 수 있으며, 시간과 체력이 된다면 북문을 나서서 황사영길 거쳐 연미정까지 가보는 것도 권할 만하다. 해넘이돈대길은 홍왕리에서 매너미고개길로 빠져서 마니산을 걸어서 넘어볼 수도 있다.

- 봉천산 오층석탑길이 비교적 짧은 편인데 연미정까지 이어서 황사영길 따라 강화읍성 북문으로 들어선다면 훌륭한 하루 걷기여행 코스가 된다. 마찬가지로 고인돌길 역시 신삼리 고인돌에서 망월돈대와 무태돈대, 또는 오상리 고인돌과 고려저수지로 이어나갈 수 있다.

- 강화외성길 용당돈대에서 서쪽 산자락으로 길을 이어가면 육필문학관 거쳐 선원사지와 철종 외가, 더 나아가서는 이규보 묘소까지 잇는 변형 코스를 만들어 볼 수도 있다.

2. 강화 걷기, 언제가 좋을까

강화는 일 년 중 언제라도 걷기 좋은 곳이다. 하지만 특정한 계절에 찾으면 여행의 맛을 한층 깊이 느낄 수 있는 코스도 있다. 가령, 봄철 고려산이 온통 진달래로 붉게 물들 무렵 산행을 겸한 고인돌길 답사는 각별한 추억으로 남는다. 멀리까지 시야가 트이는 가을에는 봉천산 오층석탑길이 제격이다. 강 건너 개성 송악산이 선명하게 보이기 때문이다. 온통 황금빛으로 물든 황산도 간척지나 망월평야 또한 가을에 걷기 좋은 길이다.

어린이를 동반한 가족의 경우 볼거리 많은 강화읍내와 강화읍성 성돌이 답사가 알맞다. 조금 더 욕심을 낸다면 고인돌길이나 강화읍성 북문에서 연미정까지 이어가는 황사영길도 권할 만하다. 덥지 않은 봄, 가을이라면 강화외성길 또한 역사의 발자취와 더불어 징검다리처럼 돈대를 이어가는 재미가 있다.

3. 강화 걷기, 어떻게 이동할까

모든 걷기 코스는 출발 지점과 도착 지점에서 대중교통을 편리하게 이용할 수 있다. 강화를 들고 나는 관문은 강화버스터미널이다. 일단 시외버스를 이용해 강화버스터미널에 도착하면 코스에 따라 이곳에서부터 바로 걷기 시작하거나, 군내버스를 타고 각 코스의 출발점으로 이동하면 된다. 각 코스 출발 지점을 찾아가는 방법은 책 속에 자세히 언급하였다.

강화로 가는 시외버스
- 강화버스터미널(강화운수) 032-934-4363
- 신촌시외버스터미널 02-324-0611
- 인천시외버스터미널 032-430-7113~4

출발지	종점	운행 시간		배차간격	소요 시간
		첫차	막차		
서울(신촌)	강화	신촌 05:40 강화 05:10	신촌 22:00 강화 21:45	10분	1시간 30분
인천	강화	인천 05:30 강화 05:45	인천 21:30 강화 21:30	10~15분	1시간 50분
부평	강화	부평 05:55 강화 05:40	부평 20:45 강화 20:50	20~25분	1시간 40분
안양	강화(송정역 경유)	안양 06:00 강화 05:10	안양 22:15 강화 20:10	20분	1시간 50분
영등포	강화(송정역 경유)	영등포 05:45 강화 05:05	영등포 22:20 강화 20:40	10분	1시간 40분
서울(신촌)	강화(화도)(송정역 경유)	신촌 06:40 화도 06:50	신촌 20:30 화도 20:00	60분	1시간 20분
960번 강화(서문)	일산	강화 05:00 일산 06:20	강화 21:00 일산 23:30	30분	1시간 40분
청주	강화(김포공항 경유)	청주 05:40 강화 05:40	청주 20:20 강화 20:20	1시간 20분	3시간 30분

* 운행 시간은 계절 등 사정에 따라서 변경될 수 있음.
* 군내버스 시간표는 강화군청 홈페이지(www.ganghwa.incheon.kr)에서 내려 받을 수 있다.

자가용

• 서울을 포함한 수도권에서 전통적으로 강화 가는 길은 48번 국도다. 그러나 최근 들어 김포시가 팽창하면서 48번 국도 김포시 구간을 통과하기가 점점 어려워지고 있다. 이를 피하고 시간을 절약하기 위해 보통 올림픽도로에서 이어지는 78번 한강제방도로를 이용한다. 그러나 제방도로 역시 일산대교가 개통되면서 부분적으로 병목현상이 발생하는 경향이 있어 옛날 같지 않다. 도시외곽순환고속도로에서는 김포나들목에서 빠져나와 제방도로를 탈 수 있으며, 강북에서는 자유로 이산포나들목에서 일산대교로 건넌 후 제방도로를 탈 수 있다.

• 김포나들목으로 빠져나올 경우 맨 우측 소형차 전용차선을 택해 80m쯤 직진 후 영사정길로 우회전한다. 대보천을 오른쪽에 끼고 왕복 2차선인 영사로를 1.7km 가면 영사정경로당 지나 영사정 삼거리에 이른다. 여기서 오른

쪽 영사대교 건너서 오는 길은 행주대교 남단에서 이어지는 78번 한강제방 도로다. 영사정 삼거리는 신호등이 없기 때문에 양보 운전이 필수다. 계속 직진해서 7.9km 가면 일산대교 밑을 지난다. 여기서 4.2km 직진하면 운양 삼거리에 이른다. 왼쪽길은 356번 지방도로 초지대교를 건너는 길이다. 오른쪽은 하성까지 이어지는 제방도로로 월곶면 소재지 지나 48번 국도 타고서 강화대교를 건넌다.

- 자유로 이산포나들목에서 일산대교를 건넜을 경우, 다리 건너자마자 오른쪽 차선으로 진입해서 300m 직진 후 오른쪽 갈림길을 택해서 우회전한다. 이 길을 따라서 600m 직진하면 제방도로와 만나는 신항삼거리에 이른다. 강화로 가려면 여기서 좌회전, 운양삼거리까지 직진한다.

- 운양삼거리에서 356번 지방도 따라 초지대교까지는 13km, 제방도로 따라서 강화대교까지는 18.8km 다. 제방도로로 갈 경우 운양삼거리에서 7km 가면 하성사거리에 이르는데 여기서 하성면 소재지 쪽으로 우회전하지 말고 직진하는 길을 택해야 2km 정도 단축할 수 있다. 하성사거리에서 7.6km 직진하면 56번 지방도와 만나는 삼거리에 이른다. 여기서 좌회전해서 월곶면 소재지 지나 1.3km 더 가면 48번 국도와 만난다. 강화대교는 여기서 1km 쯤 더 간다.

4. 강화 맛집과 숙소

맛집

강화 부근 바다에서 밴댕이가 많이 잡히는 철은 대략 5월 초에서 6월 초 사이, 한 달가량이다. 밴댕이회는 바로 이 때가 가장 맛있다. 황산도나 선두포, 선수리 등에 있는 횟집들은 고깃배 이름을 상호로 하고 있는데, 싸고 푸짐한 회를 즐길 수 있다.

상호	메뉴	전화(지역번호 032)	위치
삼랑성	꽁보리밥/나물뷔페/메밀총떡	937-0397	길상면 온수리
비빔국수	40년 전통의 국수집	933-7337	강화읍 관청리(우리은행 골목)
우리옥	56년 전통의 백반 전문점	934-2427	강화읍 신문리(중앙시장 뒤)
왕자정묵밥집	묵밥/콩비지백반/손두부	933-7807	강화읍 관청리(고려궁지 옆)
알미골	선비탕/인삼영양돌솥밥	934-3962	강화읍 갑곳리
갈비성	강화섬정식	932-7333	강화읍 남산리
초지대교영빈관	장어구이	937-9212	길상면 초지리
서해복집	복어회	933-7515	하점면 창후리
하늘정원	바비큐정식	937-7595	화도면 장화리

숙소

강화에는 아래 소개한 곳 외에도 민박, 펜션, 콘도 등 다양한 종류의 숙소가 있다. 강화군 문화관광 홈페이지(http://tour.ganghwa.incheon.kr)에 더 많은 숙소 정보가 있으니 참고한다.

상호	전화(지역번호 032)	홈페이지	위치
강화해수온천장	933-1479		내가면 외포리
강화온천스파월드(콘도)	937-3300	www.ganghwa-spa.com	길상면 장흥리
바닷가뜨락펜션	937-7552	www.seagarden.x-y.net	화도면 여차1리
별빛가람펜션	932-8585	www.starrylake.kr	화도면 장화리
해넘이펜션	937-2626	www.haeneomi.co.kr	화도면 장화리

5. 강화 관광 안내

관광안내소

그 밖의 여행정보는 관광안내소나 강화군청 문화관광과에 문의하면 안내 받을 수 있다.

- 역사관 관광안내소 032-932-5464
- 고인돌 관광안내소 032-933-3624
- 초지진 관광안내소 032-937-9365
- 터미널 관광안내소 032-930-3515
- 외포리 관광안내소 032-934-5565
- 강화군청 문화관광과 032-930-3625

인천 명소 시티투어 버스

이 책에 소개한 걷기여행과는 또 다른 방법으로 강화를 여행하고 싶다면 인천 명소 시티투어 버스를 이용해 보자. 경인전철 인천역 앞에서 강화도를 둘러보는 시티투어 버스가 출발한다. 하절기인 4~10월 매주 토 · 일요일에만 운영한다. A · B 두 개 코스로 나눠 각각 하루 동안 버스를 타고 도는 당일치기 관광 방식이며, 요금은 1만 원이다. 종합관광안내소에 있는 강서관광에서 매표하며 어린이와 청소년은 정상 요금에서 50% 할인해 준다.

문의 : 강서관광 032-772-4000, 인천시 관광진흥과 032-440-4055.

A코스(오전 9시30분~오후 6시30분)

인천역 ~ 연미정 ~ 화문석박물관 ~ 제적봉 안보관광지 ~ 부근리 강화지석묘(고인돌) ~ 고려궁지 ~ 선원사 터 ~ 강화역사관 ~ 인삼센터 ~ 인천역

B코스(오전 10시~오후 7시)

인천역 ~ 초지진 ~ 전등사 ~ 동막해수욕장 ~ 강화갯벌센터 ~ 장곶돈대 낙조 조망지 ~ 농경문화관 ~ 덕진진 ~ 광성보 ~ 인천역

개성 대신했던
고려 도성을 걷는다

동서남북 사대문 잇는 보물찾기

한강, 임진강, 예성강이 빚어놓은 한 송이 아름다운 꽃이 강화江華라면 그 꽃의 중심부가 바로 강화읍이다. 고려시대 원나라와 전쟁을 치르는 39년간 개성을 대신한 임시 수도였으며, 그 도성이 있었던 곳이기에 강화 사람들의 고향에 대한 자부심은 대단한데, 강화를 따로 '강도江都'라 부르는 것이 다 한때 일국의 수도요, 도성이었다는 사실을 드러내고 있다. 게다가 '강화 도령'으로 불리는 조선 25대 임금 철종을 배출했으며, 왕위에 오르기 전 거처였던 용흥궁이 읍내에 있으니 그것이 괜한 자부심만은 아닌 듯하다. 강화읍을 둘러싸고 있는 성곽과 동서남북 네 개의 문, 고려궁지, 용흥궁 등을 볼 수 있는 읍내는 따라서 강화 걷기여행의 첫 번째 코스이자 수도권 답사 코스 1번지로 꼽기에 부족함이 없다.

성공회 강화성당은 1900년에 건립된 한국 최초의 성공회 성당이다.

01 강도(江都) 사대문길
7.72km, 1시간 50분

1. 강화터미널 ~ 남관제묘(1.1km)
❶ 강화터미널 정면 횡단보도를 건너면 바로 오른쪽 앞에 갈대밭이 펼쳐지고 왼쪽으로는 남산, 오른쪽으로는 멀리 토산품센터가 보인다. 갈대밭을 오른쪽에 두고 공터를 100m쯤 질러가는 길이 있다. 이 길 끝에 남문로가 나오며, 오른쪽 방향으로 200m 가면 토산품센터에 이른다. ❷ 강화문화원은 이 토산품센터 2층에 있다. ❸ 남문은 여기서 길 따라 200m 더 간다. 남문 지나 100m쯤 가면 왼쪽 한옥이 ❹ 참의원댁이다. 참의원댁에서 200m 가면 합일초등학교 입구가 나오며, ❺ 동관제묘는 합일초교 뒤편 300m쯤 올라간 곳에 있다.

2.동관제묘 ~ 중앙시장A동(1.0km)
동관제묘에서 70~80m쯤 합일초교 뒷담을 끼고 내려오다보면 갈림길에 이른다. 왼쪽 길을 택해서 연립주택 지나 30m 간 다음 다시 왼쪽 길로 100m 올라간다. 오른쪽 길이 일방통행인 갈림길에 이르러 왼쪽 길을 택해 100m쯤 더 올라가면 막다른 골목과 더불어 폐가가 한 채가 나온다. ❻ 남관제묘는 이 폐가가 오른쪽 담장을 끼고 공터를 지나서 안쪽에 있다. 남관제묘에서 길을 되짚어 내려와 강화중앙교회 교육관 거쳐 120m쯤 가면 남문 안길이 나온다. 동광수퍼에서 오른쪽 골목길로 들어서 150m쯤 더 가면 ❼ 조양방직 터에 이른다. 비좁은 골목과 술집이 들어선 신문리 241번지 일대는 조양방직 터에서 북동쪽 골목길로 2분 거리인데 골목 입구에 임업협동조합 건물이 있다. 동쪽으로 중앙시장 A동 뒤까지 공영주차장이 있으며, 주차장 끝 부분, 임협 건물에서 150m쯤 떨어진 오른쪽 골목 안에 ❽ 강화탁주 양조장이 있다.

3. 중앙시장A동 ~ 북관제묘(0.6km)
❾ 중앙시장 A동과 B동은 강화읍내를 동서로 가로지르는 48번 국도를 사이에 두고 마주보고 있다. 중앙시장 B동 뒤로 복원예정인 ❿ 진무영 터가 있으며, 100m 거리에 ⓫ 강화 3·1독립만세기념비가, 바로 길 건너편에 ⓬ 선원 김상용 순절비가 비각 안에 있다. 비각 뒤에는 심도직물 터임을 알리는 기념비와 굴뚝이 있다. 주변은 2008년에 조성된 용흥궁공원 주차장이다. 비각에서 100m쯤 올라가면 철종의 잠저인 ⓭ 용흥궁 뒷문에 이

른다. ⓮ 성공회 강화성당은 뒷문에서 30~40m 떨어진 길 왼쪽에 있다. 강화성당 북쪽 끝에 있는 계단길을 따르면 주차장으로 내려선다. 주차장에서 고려궁지로 향하는 길을 건너 천주교 강화성당 골목길로 접어들면 ⓯ 한옥마을이며, 강화여고 가는 골목길을 따라서 150m쯤 더 가면 ⓰ 북관제묘가 나온다.

4. 북관제묘 ~ 북문(0.8km)
북관제묘에서 길을 되짚어 나가다 한옥마을 북쪽 골목길 따라 200m쯤 가면 ⓱ 고려궁지 주차장에 이른다. ⓲ 왕자우물은 고려궁지에서 북문 올라가는 길 오른쪽 70~80m쯤 들어간 곳에 있다. 고려궁지에서 북문 주차장까지는 600m 남짓 벚꽃길이다.

5. 북문 ~ 연무당 옛터(1.3km)
⓳ 북문 주차장 벤치 뒤쪽으로 내려가는 길을 택해 500m쯤 가면 강화여고 지나 ⓴ 강화향교에 이른다. 강화향교에서 향교길 따라 ㉑ 서문까지는 800m 거리다. ㉒ 석수문은 48번 국도 건너 남쪽으로 60m 지점 성벽 아래 있으며, 바로 가까이에 연무당 옛터 기념비가 있다.

6. 연무당 옛터 ~ 무명용사 위령탑(1.72km)
㉓ 연무당 옛터에서 48번 국도 따라서 동쪽으로 700m 가면 신문사거리 지나 고려궁지 입구 사거리에 이른다. 여기서 70m쯤 더 가서 우리은행 사이 왼쪽으로 강화경찰서 가는 길로 접어들어 500m 가면 ㉔ 동문이다. 동문에서 큰길 따라 고개를 넘어 300m 지점에서 왼쪽으로 견자산 올라가는 계단길이 보인다. 여기서 150m쯤 올라가면 ㉕ 무명용사 위령탑에 이른다.

7. 무명용사 위령탑 ~ 강화터미널(1.2km)
무명용사 위령탑에서 길을 되짚어 내려와 300m쯤 가면 수협사거리에 이른다. 수협사거리에서 48번 국도 따라서 동쪽으로 200m 가면 공영주차장에 이르는데 바로 그 일대가 복개 이전 동락천 하석수문이 있던 자리다. 여기서 길 따라 300m 더 가면 알미골사거리가 나오고 ㉖ 강화인삼센터와 ㉗ 풍물시장에 이른다. 강화시외버스터미널은 풍물시장에서 300m 거리에 있다.

오읍약수터

북문 ⑲

강화향교 ⑳

벚꽃길

북장대(복원예정)

왕자우물 ⑱

북관제묘 ⑯

고려궁지 ⑰

한옥마을 ⑮

월곶돈대

강화3·1독립만세기념비

김상용 순절비

송해면

서문 ㉑

진무영 터 ⑩

중앙
시장B

성공회 강화성당 ⑭

동문

목공소

⑪

⑬

무명용사
위령탑

송해면

석수문 ㉒

⑨ 중앙시장A

용흥궁

강화군청 ◎

㉔

㉕

연무당옛터 ㉓

강화탁주 양조장 ⑧

목공소

견자산

조양방직 ⑦

참의원댁 ④

남관제묘 ⑥

⑤

동관제묘

대장간

남문 ③

강화문화원 ②

ⓘ

강화인삼센터 ㉖

㉗

풍물시장

남장대(복원예정)

남산리 ①

강화터미널

여행정보

ⓟ 차를 가져간다면 강화풍물시장 주차장에 세워두면 좋다.

ⓜ 대중교통을 이용한다면 강화시외버스터미널부터 시작한다.

ⓘ 걷는 길 중간에는 매점이나 음식점이 여러 곳 있어서 편리하다. 중앙시장
공영주차장 남쪽 골목 안에 있는 우리옥은 가정식 백반이 깔끔하다. 북문
올라가는 길목에 있는 왕자정묵밥집은 고려궁지를 내려다보면서 식사를 즐길
수 있다. 우리은행 뒷길 옛 강화터미널 자리에 있는 비빔국수집 역시 답사
끝 무렵에 들러 허기를 때울 만하다. 화장실은 용흥궁공원, 고려궁지, 북문
주차장 및 서문 밖 버스 종점 부근, 강화시외버스터미널에 있다.

강화읍성 남문(南門). 일단 남문으로 들어서야 드디어 '강도(江都)'에 입성했다고 할 수 있다.

갈대밭 지나 '송악'으로

차에서 내리면 그 때부터 걷기여행은 시작된다. 일단 강화도 구석구석을 연결하는 지방 버스편과 돌아가는 버스 시간을 알아두고 터미널 구석에 있는 관광안내소에서 무료로 나눠주는 지도를 한 장 챙긴다. 관광안내도는 두 가지가 있는데 작게 접히는 '강화길라잡이' 지도가 더 상세하며 풍부한 사진과 내용을 담고 있어서 유익하다.

강화읍 동쪽 외곽에 있는 강화터미널을 나서자마자 나지막하게 솟아 있는 남산이 반긴다. 터미널 앞 큰길을 건너다보면 시선을 잡아끄는 곳은 갈대 무성한 습지. 이삼십 년 사이, 새롭게 길이 나고 시내에 있던 터미널이 이곳으로 옮겨오는 큰 변화가 있었음에도 불구하고 갈대밭은 변함없이 길손을 반긴다. 이곳은 해발 222.5미터인 남산이라든가 고려시대 사람들이 '송악'이라 불렀던 북산140m을 사진에 담기에 알맞다.

갈대밭을 지나 허허벌판으로 난 길은 강화 남문로로 이어진다. 눈 밝은 이라면 이 길이 바로 강화 사람들이 자동차 다니는 번잡한 길을 피해 걸어서 버스터미널 오가는 지름길이라는 사실을 단박에 알 수 있다. 갈대밭을 지날 때부터 읍내쪽 건물 가운데서 시종 시선을 사로잡는 성곽 모양의 커다란 한옥은 바로 강화 토산품 판매센터. 화문석 전문 매장이 모여 있으며, 2층에 강화문화원이 있다.

붉은 봉황이 지키는 문

당당하게 '강도남문江都南門'이라는 현판을 달고 있는 안파루晏波樓 천장에는 봉황 두 마리가 화려한 단청으로 아로새겨져 있다. 좌 청룡, 우 백호, 북 현무, 남 주작 등 동서남북을 지키는 사신四神 가운데서 바로 남쪽의 수호신 '주작朱雀'을 의미하는 그림이다. 그냥 지나치기 쉽지만 다른 세 개의 문루에서 사신도四神圖의 나머지 셋, 청룡과 백호, 현무를 만나볼 수 있으리라는 기대를 건다면 걷기여행은 한층 흥미를 더한다.

남문을 중심으로 바깥에서 보면 왼쪽 산등성이로 성벽이 있으며, 등산로와 더불어 남산 꼭대기까지 이어진다. 오른쪽 성벽은 남문로가 나 있어 잠시 끊기는데, 100여 미터 복원해 놓았다. 원래의 성벽은 견자산 쪽으로 이어지지만 현재 48번 국도와 건물들이 빽곡히 들어서면서 자취를 감춘 지 오래다. 강화도성* 네 개의 문이 가진 공통적인 특징은 문화재로서 동떨어져 있는 것이 아니라 강화 사람들의 생활공간과 직결되어 있다는 점이다. 어느 문이든 조선시대와 마찬가지로 길과 이어져 있어서

*강화도성과 사대문

강화도성은 몽골 침입 이후인 1250년에 쌓았으며, 병자호란 때 파괴된 후 1677년 대대적으로 개축한 것으로 강화읍내를 둘러싸고 있는 내성이다.

고려산으로 가기 위해 읍내를 벗어나는 길목에 문을 하나 지난다. 강화도성의 서문인 첨화루다. 첨화루는 1711년 강화유수 민진원이 세웠고, 남문인 안파루는 쓰러진 것을 1973년에 다시 복원했다. 북문인 진송루는 원래 문루가 없던 것을 1783년 성을 개축할 때 세웠고, 동문인 망한루는 2004년에 복원되었다. 현재 암문 4개소와 수문 2개소가 남아 있다.

오래된 풍경으로 둘러싸인 신문리 241번지 일대(왼쪽)와 조양방직 건물(오른쪽).

사람들이 드나들고 있으며, 심지어 자전거나 오토바이가 손쉽게 지날 수 있
도록 문턱에 철판까지 깔아 놓은 것을 볼 수 있다. 서울로 치면 남대문이나
동대문으로 사람들이 드나든다는 이야기인데, 아스팔트 길 한복판에 섬처럼
떨어져 있어 외로운 서울의 문과 그렇지 않은 강화의 문은 좋은 비교가 된다.

거기 현재와 통하는 옛길이 있다

일단 남문으로 들어서면 그대는 드디어 '강도江都'에 입성한 것이며, 자동차
두 대가 간신히 비껴갈만한 남문안길이 반긴다. 1969년 강화대교가 놓이고,
강화 읍내를 동서로 관통하는 48번 국도가 생기기 전까지는 바로 이 길이 서
문까지 이어지는 '대로大路'였다. 그러나 대부분의 오래된 도시가 그렇듯이 남
문안길 주변은 새롭게 지은 건물 사이로 낡고 무너져가는 집들이 눈에 띄는
쇠락한 풍경으로 다가온다.

신문리 남문안길에는 대장간이며 참의원댁, 동진직물터, 목공소, 조양방직
이 있었으며, 100년 된 양조장이라든가 60년 가까이 밥집을 하는 '우리옥', 동
진이발소, 솔터우물 같은 곳이 바로 이 길가 골목에 숨어 있다. 현대식 건물로
지은 중앙시장 뒤편 공영주차장 일대에는 옛 재래식 시장에서 볼 수 있는 허
름한 '장옥場屋' 몇 채가 남아 있어 흥청거렸던 장터 풍경을 짐작케 한다.

남문안길 골목으로 접어들면 그야말로 타임머신이라도 타고 70~80년
전으로 되돌아간 듯한 풍경으로 둘러싸인다. 또는 그보다 더 아득한 옛날
로……

100년 된 양조장(왼쪽)과 참의원 댁(오른쪽).

남문안길 답사 포인트는 '뒷골목 뒤지기'. 딱 사람 한 명 지나다닐만한 골목길에는 이미 대도시에서는 사라진 지 오래인 시커먼 나무 전신주가 서 있고, 더러 가슴 높이 정도의 오래된 돌담이 반긴다. 바로 그 일대가 강화 읍내 사람들의 전통적인 주택가인 셈이다.

함석 담장으로 가려진 공장 건물은 벌써 오래 전에 문을 닫은 듯, 마당은 온통 잡초만 무성하다. 담장 따라서 골목길이 이어지며, 사람 둘이 마주치면 어깨가 닿을 듯 그 좁은 길은 공장 건물 일부를 개조해서 술집으로 쓰고 있는 모퉁이를 돌아서면 이내 끝나고 만다. 그렇게 미로처럼 골목길이 이리저리 나 있는 중앙시장 A동 주변으로는 왜정 때 지은 듯한 이층 목조 건물도 섞여 있어서 눈길을 끈다. 신문리 사거리에서 48번 국도 건너 북쪽으로는 관청리. 중앙시장 B동 뒤편으로 복원 예정인 진무영*, 강화 3·1독립만세기념비 등이 고려궁지 올라가는 길 왼쪽에 나란히 있다.

*진무영 옛터

진무영(鎭撫營)은 조선시대에 해상경비의 임무를 맡았던 군영이며, 동시에 천주교 신자들의 처형지이기도 하다. 특히 1866년 병인양요(丙寅洋擾) 이후, 외국 선박의 출입이 빈번하여 쇄국정책을 쓴 당시로서는 수도의 관문을 지키는 국방상 중요한 군영이었다. 진무영 옛터는 현재 은혜교회에서 강화성당에 이르는 지역으로 추정된다.

견자산 꼭대기에서는 강화읍내 전체가 훤히 내려다보인다.

강화 읍내가 한눈에 내려다보이는 산

남문에서 강화군청 지나 동문으로 넘어가는 고갯길 마루에서 오른쪽 갈림 길이 견자산 올라가는 길. 고려 고종이 이 산 꼭대기에 올라가 원나라에 볼모 로 잡혀간 아들을 그리워했다고 하여 볼 견見자, 아들 자子자 써서 견자산見子 山인데 강화산성이 바로 이 견자산을 지나 동문으로 내려섰다가 북산으로 이 어진다. 원래 왜정 때 신사가 있던 견자산 정상에는 6·25전쟁 때 강화도 일대 에서 숨진 호국 영령을 기리는 현충탑을 세웠으며, 산책로와 주차장도 있어 손쉽게 둘러볼 수 있다.

해발 60미터 남짓한 견자산 꼭대기에서는 남산으로 이어지는 성벽과 강화 읍내 전체가 훤히 내려다보인다. 그러나 나뭇가지에 가려서 정작 사진 찍기 에는 불편하다. 읍내 전경 사진 찍기 좋은 곳은 여기보다 조금 내려와서 갈 지之 자로 길이 꺾이는 지점인데 특히 성공회 강화성당이라든가 동문을 중심 으로 강화중학교와 북산 정상으로 이어지는 성벽은 물론이고, 월곶 연미정으 로 이어지는 길이 선명하게 눈에 들어온다.

고려궁지에 있는 조선시대의 강화 유수부 동헌.

지난 2003년에 복원된 동문의 문루는 한양 쪽을 향하고 있다고 하여 '망한루望漢樓'라는 현판을 달고 있다. 동문을 거치는 길 역시 동네 사람들의 도보 통행로이자 강화중학교 학생들의 통학로가 된다. 여기서는 남문 안길의 경우와 마찬가지로 큰길을 버리고 뒷골목으로 접어들어야 제대로 된 답사를 즐길 수 있다.

성공회 성당까지 이어지는 야트막한 언덕길을 올라서면서 비교적 작은 돌로 쌓은 성벽을 볼 수 있다면 '한 건' 하는 셈이다. 일반 주택의 담장이거나 축대로도 사용되고 있는 이 성벽은 여염집과 구분하기 위한 고려궁*의 담장이었거나, 최소한 병자호란 이전 조선시대에 쌓은 강화산성의 일부일 가능성이 높다.

*고려궁

최씨 무인정권의 주도로 이루어진 강화 천도와 더불어 세운 고려궁은 개경 만월대의 축소판이었다. 뒷산인 북산을 개성과 똑같이 '송악'이라 명명했으며, 궁궐 내에서 벌인 잔치는 송도 시절과 다름없이 화려해서 낮은 담장 너머로 백성들의 눈요기 감이 되곤 했다. 고려의 왕족과 귀족들은 피난 시절에도 해상 운송로를 통한 원활한 보급 덕분에 풍족한 생활을 즐겼으며, 팔만대장경까지 만들 수 있었다.

뒷골목에 숨어 있는 철종 잠저 용흥궁

강화읍내에서 가장 높은 언덕을 송두리째 차지하고 있는 성공회 강화성당*은 심지어 강화도령이 살았던 용흥궁조차도 내려다보고 있다. 고려궁을 제외하고는 강화 제일의 명당자리인 셈이다. 성공회 성당은 특이하게도 태극문양을 응용한 검은색 십자가 장식이 선명한 솟을 대문을 계단 위에 높게 세워두고 있다. 그 덕분에 일반 한옥에서는 찾아볼 수 없는 위엄과 격식을 갖추고 있으며, 답사객의 발길이 끊이지 않는다.

흔히 철종 '잠저暫邸'로 불리는 용흥궁은 전혀 '궁宮' 답지 않게 술집과 음식점으로 이어지는 비좁은 뒷골목에 숨어 있다. 철종이 왕위에 오르기 전 19세까지 살던 곳이기에 일반 주택과 구별해서 '궁' 대접을 해줄 뿐이지 전통적인 조선 사대부의 집에 비해서 격은 좀 떨어지는 편이다. 한 가지 다른 점이라면 북쪽 구석에 철종 잠저였음을 알리는 비석과 비각이 담장에 둘러싸여 있는 것이다.

가족이 모두 섬으로 유배되어서 농사짓고 나무하며 자유롭게 살던 떠꺼머리 총각, 강화 도령 '원범'이 갑작스럽게 왕위에 오른 것은 1849년. 후손 없이 죽은 헌종의 뒤를 이은 철종은 14년간 조선 25대 왕으로 살다가, 1863년 12월 33세의 나이에 병사하고 말았다. 아마 왕위에 오르지 않았더라면 강화 도령은 그렇게 젊은 나이에 죽지는 않았을 터, 몸은 비록 한양의 구중궁궐에 있었지만 마음은 늘 자유롭게 뛰놀던 강화의 산천을 그리워했는지 모를 일이다.

*성공회 강화성당

'성베드로와 바울로 성당'이라고도 하며, 1896년(고종 33) 강화에서 처음으로 한국인이 세례를 받은 것을 계기로 1900년 11월 15일 건립된 한국 최초의 성공회 성당이다. 건립자는 한국 성공회 초대 주교인 존 코르페(C. John Corfe: 한국명 고요한). 외삼문은 정면 3칸, 측면 1칸인데, '성공회 강화성당(聖公會江華聖堂)'이라는 현판이 걸려 있다. 1981년 7월 16일 경기도유형문화재 제111호로 지정되었다가 2001년 1월 4일 사적 제424호로 변경되었다.

고려궁 발굴 현장. 최근 벌인 발굴 작업 결과 고려 궁궐의 유구가 나오는 일대 사건이 벌어졌다.

7백여 년 만에 드러난 고려 궁궐의 자취

강화에서 2008년에 일어난 가장 큰 변화 중 하나는 교동연륙교 공사의 시작과 더불어 용흥궁 공원과 주차장이 생긴 일이다. 옛 심도직물 공장터에 들어선 이 널찍한 주차장 덕분에 뒷골목에 숨어 있던 용흥궁 뒤쪽이 훤하게 드러났으며, 언덕 위 성공회 성당은 더욱 폼 나는 자태를 뽐낼 수 있게 되었다. 용흥궁 주차장 입구에는 병자호란 당시 강화도가 함락되자 남문루에 화약을 쌓아놓고 자폭한 '선원 김상용 순절비'*, 바로 길 건너편에는 강화 3·1독립만세기념비가 강화 사람들의 의로운 기개와 지난 세월 험난했던 발자취를 짐작케 한다. 순절비각 바로 뒤에는 심도직물 공장 부지임을 알리는 낡은 굴뚝과 기념비가 눈길을 끈다.

고려궁지까지 이어지는 길은 남문에서 서문으로 이어지는 길과 더불어 강화읍의 옛길로 꼽힌다. 고려궁 아래쪽 일대는 궁궐 부속 건물이 가득 들어차 있던 곳이지만 지금은 강화초등학교라든가 도서관과 상점, 주택 등이 들어서 있다. 고려궁은 이 길 끝자락, '송악산' 자락에 있었으나 가보면 정작 있어야 할 고려궁은 없고, 넓은 터에 조선시대의 강화 유수부 동헌과 이방청이 자리를 지키고 있을 뿐이다. 옛 고려시대의 궁궐은 그저 이름으로나 짐작해왔는데, 최근 외규장각 뒤쪽에서 벌인 발굴 작업 결과 고려 궁궐의 유구가 나오는 일대 사건이 벌어졌다.

사실 그동안 수많은 사람들이 고려궁지를 다녀갔지만 정작 고려시대의 흔적은 높다란 계단 위에 서 있는 문의 편액 '승평문' 뿐, 그나마 눈여겨봐 둔 이에 한해서다. 개성 송악산 기슭에 지은 고려의 궁궐, 만월대가 여섯 개의 문을 거쳐 정궁에 이르렀으며, 승평문은 바로 두 번째 문에 해당한다. 몽골의 침입을 피해서 강화로 천도한 고려 사람들은 강화읍 북쪽에 있는 북산을 개성에 있는 것과 똑같은 송악산이라 명명했으며, 궁궐 역시 만월대와 비슷한 구조로 축조했을 터.

그동안 몇 차례에 걸친 발굴 작업이 실패로 돌아갔지만 이번 고려궁지에서 성과를 거둔 발굴 작업은 700여 년 전 찬란했던 고려 궁궐의 일부나마 햇빛을 보게 만들었으니 천만 다행스러운 일이다.

승평문을 나서 계단을 내려서면 벚나무 길은 강화산성 북문으로 이어지며 나그네의 걸음을 재촉한다. 북문은 강화읍성의 나머지 세 개 문과는 달리 원래 문루가 없는 암문暗門이었다. 그러던 것을 정조 7년1783에 문루를 세우고 '진송루鎭松樓'라는 편액을 달았다. 현재의 문루는 박정희 정권 시절 전적지 복원 사업의 일환으로 1977년에 복원한 것. 따라서 진송루를 자세히 들여다보면 여느 문과는 달리 아치형의 홍예가 아니라 암문 원래의 사각형 구조를 그대로 간직하고 있으며, 현무가 지키고

*선원 김상용 순절비

조선 인조 때 문신 김상용의 위국 충절을 기리기 위해 세운 비다. 당초 순절비는 구 남문지에 있던 것을 1976년 강화중요국방유적 복원정화사업의 일환으로 현 위치로 옮겨 세우던 중 숙종 26년(1700) 증손인 김창집이 세운 구비가 발견되어 현재 비각 안에 신·구비를 나란히 세웠다. 선원 김상용은 병자호란 당시 종묘(宗廟)를 모시고 강화도로 피난했으나 청군이 강화도를 함락하자 강화산성 남문루 위에서 화약을 쌓아놓고 자폭함으로써 순국했다.

강화읍성의 북문인 진송루와 복원된 성벽. 북문을 나서면 오읍약수와 송학골로 가는 길이 이어진다.

있어야 할 천장은 목재가 아니라 여느 암문처럼 장대석으로 마감해 놓았음을 발견할 수 있다. 그러나 그 자체가 1783년 당시의 복원인지는 확실치 않다.

멀리 북녘 땅과 송해면 신당리 들녘이 보이는 북문을 나서 3~4분이면 오읍약수터에 이른다. 2000년대 초반까지만 해도 대남방송이 쩡쩡 울리던 이곳은 이제 접전 지역이라는 사실을 잊을 정도로 한가롭기 그지없다. 약수터 바로 옆에 있는 양봉 농가라든가 산책 삼아서 물을 받으러 온 이들이 가볍게 맨손 체조로 몸을 푸는 풍경은 여느 도시의 체육공원이나 마찬가지다. 물맛 좋기로 소문난 오읍약수터 길은 고려궁지에서 북문에 이르는 길과 마찬가지로 4월이면 벚꽃이 흐드러지게 피어 터널을 이룬다.

연무당 옛터가 일러주는 역사의 교훈

북문 주차장에서는 강화향교*로 질러서 내려가는 샛길이 있다. 이 길을 잘 찾아 내려가야만 올라왔던 아스팔트길을 되짚어 내려가서 읍내를 통하지 않고도 서문으로 내려설 수 있다. 서문으로 이어지는 또 하나의 길은 주차장 화

강화의 서쪽을 지키는 서문 첨화루.

장실 뒤쪽으로 나 있다. 정부시설물로 이어지는 아스팔트길 아래 쪽으로 내려서면 걷기 편한 소나무 숲길로 이어진다.

강화읍의 서쪽을 지키는 서문은 '첨화루瞻華樓'라는 문루를 얹고 있으며, 천장에는 소나무와 더불어 호랑이 한 마리가 도사리고 앉은 그림이 눈길을 끈다. 사신도 중에서 우백호에 해당하는 것이니 제대로 자리 잡고 있는 셈이다. 서문안길과 더불어 강화 사람들이 예나 다름없이 드나드는 서문은 강화읍성 네 개의 문 가운데서 가장 화려한 야경을 자랑한다.

서문 바로 옆으로는 남문과 마찬가지로 큰길이 지나면서 성벽이 끊어졌고, 연무당 옛터가 건너편 길가에 있다. 복원된 석수문을 포함한 성벽은 이 연

37

고려궁지의 400년생 회화나무. 뒤로 보이는 건물이 조선시대의 외규장각이다.

무당 옛터* 서쪽을 감싸고 남산으로 이어지다가 말았다. 강화군에서는 둘레 7.122킬로미터에 이르는 강화읍성을 복원할 계획을 세우고 이미 2007년에 지표조사까지 마쳤으며, 현재 남산 꼭대기에 있는 남장대 터와 봉수대 터를 발굴 중에 있고, 북산에 있는 북장대 역시 발굴하여 복원한다는 계획이다.

연무당 옛터는 조선시대 군사들의 무술 훈련장인 연무당 건물이 있었던 곳이라 하여 비석을 세워 놓았다. 그러나 사실 이곳 연무당은 1875년 일본이 운양호 사건을 일으킨 후 그 이듬해에 병자수호조약을 체결한 장소이니 그들의 소위 '포함외교'로 말미암아 불평등조약이 맺어진 치욕적인 역사의 현장인 셈이다. 어쨌거나 연무당은 없어졌지만 역사의 교훈은 옛터와 더불어 그 자리에 뚜렷이 남아 있어 후세 사람들을 일깨우고 있다. 1977년 강화전적지 복원사업의 일환으로 세워진 비석 글은 노산 이은상, 글씨는 서예가 일중 김충현의 작품이다.

*연무당 옛터

첨화루 길 건너편에 있으며 연무당 옛터 기적비가 서 있다. 고종 7년에 창건된 연무당은 군사들의 훈련장으로 1876년 강화도조약이 최종 조인된 장소이기도 하다. 여기서 체결된 강화도조약에 의해 부산, 인천, 원산이 일본에 개항했다.

강화읍성,
300년 만에 다시 태어나다

고려 강도江都의 흔적 찾아가는
성돌이 산행

수도권 문화유산 답사 1번지 강화에서
7.122킬로미터에 달하는 강화읍성 성돌이 코스는 아직
생소한 편이다. 강화 사람들조차도 남문에서 남산 거쳐
서문까지 반 도막 성돌이 산행을 할 뿐, 서문에서 북문
구간은 아직 길조차 없는 곳이 있으며, 견자산 구간은
버려지다시피 황량하다. 강화군에서는 오는 2012년까지
강화읍성을 복원한다는 계획이다. 아직 읍성 탐방로가
정비되지는 않았지만 끊어질 듯 이어지는 성벽의
흔적을 찾아서 떠나는 여행은 완전히 알려지고 공개된
길 따라서 걷기보다 오히려 매력적이기조차 하다.

강화읍성 사대문 중 가장 화려한 야경을
자랑하는 서문 '첨화루'.

02 강화읍성길
7.11km, 1시간 35분

1. 남문 ~ 서문(2.784km)
강화읍성길 들머리는 남문이다. ❶ 남문 안쪽에서 성벽 따라 가파르게 길이 이어진다. 200m쯤 오르면 널찍한 밭이 펼쳐지는데 1930년대까지만 해도 활터와 대흥정이라는 정자가 있었던 곳이다. 성벽 따라서 2km 더 가면 남산 정상까지 '440m' 지점을 가리키는 이정표에 이른다. 길은 본격적으로 가팔라진다. 여기서 성 안쪽 숲길로 '290m' 접어들면 약수터가 있다. 느티나무와 산불 감시초소가 있는 곳을 지나면 남산 정상인 남장대 터에 이른다. 남장대 터에서 북쪽으로 성벽 따라 150m쯤 내려가면 암문이 나온다. 오른쪽 숲속으로 약수터 갈림길이 이어진다. 성벽길에서는 국화리 저수지와 고려산, 혈구산이 보인다. 서문이 빤히 내려다보이는 지점에서 길은 70~80m쯤 급경사를 이룬다. 보조 로프가 설치되어 있기는 하지만 조심해서 내려가야 하는 구간이다. 일단 평지로 내려서면 새롭게 복원된 성곽과 석수문 위로 길이 이어진다. 성벽은 48번 국도가 지나는 곳에서 끊어졌다가 바로 서문으로 이어진다.

2. 서문 ~ 북문(1.64km)
❷ 서문 밖에서 아직 복원되지 않은 성벽 무너진 부분으로 올라선다. 원래 강화정수장이 있는 봉우리 꼭대기로 산성이 이어지지만 철제 울타리를 쳐놓았기 때문에 정수장 아래쪽으로 300~400m 돌아서 가는 수밖에 없다. 소나무 숲을 벗어나면 진고개너머길에서 향교골로 이어지는 길로 내려선다. 성벽은 외딴집 오른쪽 느티나무 사이로 이어진다. 여기서 300m쯤 가면 서암문 터에 이른다. 서암문 터에서 다시 200m쯤 가면 국가시설물로 인해서 성벽길이 끊긴다. 이 시설물을 왼쪽으로 돌아서 가려면 가시덤불 지대를 300~400m쯤 통과해야 한다. 오른쪽 아래로 돌아서 가면 700m쯤 조붓한 소나무 숲길이 이어지다가 화장실 뒤편에서 아스팔트길과 만나 북문 주차장에 이른다.

3. 북문 ~ 동문(1.641km)
❸ 북문 안쪽에서 누각으로 올랐다가 복원된 성벽 안쪽으로 난 길을 70~80m쯤 따른다. 이후부터는 성가퀴 없이 성벽 위로 가파른 길이 200m쯤 이어지다가 북장대 터에 이른다. 북장대 터에서 길은 완만하게 북산 정상까지 300m쯤 이어진다. 북산 정상에서 성벽은 바깥쪽으로 반원을 그리며 돌출한 치성 구간을 이루다가 100m쯤 아래서 북암문 터로 추정되는 부분과 만난다. 성벽은 여기서 남쪽 방향으로 이어지다가 200m쯤 민가와 밭이 섞여 있는 지역을 통과한 후 동암문 터 추정 부분을 지난다. 성벽은 자취를 찾을 길 없고 주택 사이로 아스팔트 포장 도로만 200m쯤 이어진다. 느티나무 보호수에서 동문으로 300m쯤 이어지는 성벽 구간이 짐작되지만 이곳 역시 집들이 들어서 있어서 강화중학교 뒷담으로 이어지는 길을 따라서 동문까지 간다.

4. 동문 ~ 남문(1.045km)
❹ 동문에서 견자산에 올랐다가 남문으로 내려서는 구간은 성벽 훼손이 심해서 겨우 그 흔적을 짐작할 수 있을 뿐이다. 일단 동문에서 길을 건넌 후 밭을 지나 산기슭을 타고 오른다. 잡초가 무성하기 때문에 여름에는 길 찾기 어려운 곳이다. 150m쯤 산등성이를 타고 오르면 무명용사 위령탑에 이른다. 성벽 흔적은 위령탑 뒤로 이어진다. 여기서 200m쯤 능선을 따르면 확실한 성벽 흔적이 200m쯤 이어지다가 절개 지역에 이른다. 시비를 세운 아래로 건물이 들어서 있다. 여기서 능선 내리막길 따라 100m쯤 가면 밭과 주택을 지나서 48번 국도에 내려선다. 길 건너 하수문 터 지나 남문까지는 300m 거리다.

오읍약수

북문 ③

북산 ▲

강화여자 ♨ 강화향교
중고교

강화고려궁지

진고개

강화초교

서문 ② **동문** ④

강화읍 ◉ 강화중교

강화고교

무명용사 위령탑
강화군청 ◎ 견자산

덕신고교

합일초교

⚔ 강화산성 대흥정 터 알미골 삼거리

강화문화원 ● 강화인삼센터

남산절 **남문** ①

● 강화풍물시장

남산 ▲ 청수암

강화군 강화터미널
보건소

법왕사

여행정보

ⓟ 차를 가져갈 경우 강화남문 앞 주차장이나 북문 주차장에 세워두면 좋다.

ⓑ 대중교통을 이용한다면 강화시외버스터미널부터 시작한다.

ⓘ 강화산성 길 중간에는 매점이나 음식점, 샘터 등이 없기 때문에 사전에
식수와 간식, 도시락 등을 준비한다. 북문에서 쉴 경우 500m 아래
있는 왕자정묵밥집에서 점심을 먹은 후 다시 북문으로 올라가서 성돌이
산행을 이어갈 수 있다. 이곳은 고려궁지를 내려다보면서 식사를 즐길
수 있어서 좋다. 화장실은 북문 주차장 및 서문 밖 버스 종점 부근,
강화시외버스터미널에 있다.

강화읍성 정문에 해당하는 남문(南門)의 성벽. 나이 많은 느티나무들이 함께 살고 있다.

강화읍성의 첫 관문에 들어서다

파란 하늘을 담은 바다가 시린 쪽빛으로 눈부신 아침, 48번 국도 따라서 염하를 단숨에 건너 강화읍성 남문에 선다. 영욕의 세월을 뒤로 한 채 묵묵히 자리를 지켜온 '강도남문江都南門'은 해맑은 햇살 아래 고풍스러운 자태가 더없이 단아하기만 하다. 게다가 사오백 년은 족히 됐음직한 느티나무들이 성벽 안쪽의 둔덕에 뿌리박고 서 있는 자태는 더없이 고풍스러워 이 땅의 역사가 그리 만만치 않음을 입증한다.

강화토산품판매센터* 2층에 있는 강화문화원에서 걸어서 불과 3~4분 거리, 강화읍성 남문 앞에 서자 '강도남문' 현판 글씨가 시선을 끈다. 그리 화려하지 않으면서 겸손한 멋을 지닌 글씨라서 눈에 거슬리지는 않지만 강화읍성의 정문에 해당하는 남문에 그다지 어울리지 않는 것이 흠이다. 현판과 글씨 모두 조금 더 커야 제격일 것이라는 느낌이 든다. 남문은 폭우로 무너진 것을 1974년에 복원했고, 당시 현판 글씨를 박정희 정권의 2인자였던 김종필 씨가 썼다. 그러나 정작 현판에는 이름이 뭉개져 있으니, 고의로 그랬다면 당연히 원상 복구시켜야 문화재에 맞는 대접일 텐데 아직 누구 하나 관심 갖고 손쓰려 나서는 사람이 없다.

문루 천장 아래를 지나면서 고개를 들어보면 화려한 그림에 시선이 사로잡힌다. 강화읍성의 사대문을 지키는 사신四神 중 하나다. 이른바 동 청룡, 서 백호, 남 주작, 북 현무 등 사신 중 남문 안파루晏波樓 천장에는 남쪽의 수호신인 '붉은 봉황' 한 쌍이 아로새겨져 있다. 남문의 주작 그림은 사신도 그림이 없는 북문을 제외하고 세 개의 대문 가운데서 가장 멋진 작품으로 꼽힐 만하니 못 보고 그냥 지나친다면 섭섭한 일이다.

*강화토산품판매센터
강화 토산품인 화문석 등을 계승 발전시킬 목적으로 1985년 7월 문을 열었으며, 강화읍 남산리에 있다. 옛 성문을 재현한 웅장한 2층 건물로 화문석 외에 인삼 제품, 강화약쑥 및 가공품 등도 판매한다. 2층에는 강화문화원이 있다. 매월 2일과 7일(5일장) 강화 장날 새벽에는 강화토산품판매센터 주차장에서 소비자와 생산자 간의 화문석 직거래 장이 선다.

성곽 복원 공사 덕분에 잃어버린 숲길

남문 일대에는 1980년대 초까지만 해도 성벽 바깥쪽 바로 아래 해자의 흔적인 도랑을 볼 수 있었다. 그러나 언제 그랬는지는 몰라도 해자는 감쪽같이 사라졌고 펑퍼짐한 잔디밭만 그 자리를 대신하고 있을 뿐이다. 차도가 나면서 성벽 일부가 끊긴 것은 어쩔 수 없는 일이라 해도 기왕에 강화군에서 예산을 들여 읍성에 대한 지표조사까지 마쳤고 2012년 복원을 목표로 한다면 해자 같은 시설은 원래의 모습대로 되돌려 놓아야 옳은 일. 자칫 졸속 공사가 될까 염려스럽기만 한 대목이다.

남문 안으로 들어서자 왼쪽에 익살스러운 표정의 거북이 반기고, 그 등에 얹힌 비석 하나가 아침 햇살을 받아 빛나고 있다. 숙종 때 고려시대 이래

남산성벽을 따라가는 답사 길. 문화재를 보호하느라 주변의 나무를 모두 베어내 그늘이 없는 것이 흠.

의 토성과 병자호란 이후의 강화 내성을 현재 규모의 석성으로 수축修築했고, 선두포둑을 쌓은 강화유수 민진원의 송덕비*다.

성벽 따라서 걸어가는 길은 남문에서 남산과 남장대 터 거쳐 서문까지가 첫 번째 구간으로, 강화군에서 2007년에 실시한 지표조사 보고서에 따르면 성벽 길이가 2,784미터로 네 개의 구간 가운데서 가장 길다. 이 구간은 강화산성 복원계획에 따라서 성을 중심으로 양쪽 10미터 구역 내의 잡목이며 아름드리 참나무까지 모두 베어내다 보니 멀리서 보면 흡사 옛날 빡빡머리 중학생 시절, 호랑이 학생 주임이 바리캉으로 머리 한가운데만 밀어버린 복장 불량 친구의 '고속도로'처럼 흉하기만 하다. 강화 사람들의 산책로로서도 요긴한 산길이자 숲길이었는데 여름철 뙤약볕을 어떻게 견딜지 걱정스럽다.

성곽을 따라서 제법 가파른 언덕을 올라서자 널찍한 밭이 펼쳐진다. 강화 읍내가 훤히 내려다보이는 이 일대가 바로 조선시대 활터로 '대흥정大興亭'이라는 정자가 있었던 자리다. 1931년에 편찬한 '강도지'에도 '대흥정' 사진이 나오는데, 이곳은 고려산이 한눈에 들어오고 읍내를 굽어볼 만큼 높으면서도 쉽게 접근할 수 있어서 누가 봐도 정자 하나쯤 세울 만한 위치다. 그러나 지금은 성벽 바로 아래까지 나무 한 그루 없는 밭으로 사용하고 있다 보니 폭우 시에 산사태를 걱정해야 할 만큼 위태로워 보인다.

'남산 위의 저 느티나무'

남산 정상까지 440미터 지점을 가리키는 이정표에 이르면 길은 본격적으로 가팔라진다. 여기서 성 안쪽 숲길로 290미터 접어들면 약수터가 있다. 높이 올라갈수록 성벽은 온전하게 유지된 모습을 드러낸다. 민가에서 가까운 성벽은 대부분의 성돌을 빼가서 석성의 자취는 간 데 없고 토성의 형태로 남아 있을 뿐이다. 걸음을 옮기면서 성 안팎을 꼼꼼히 살펴보면 더러 성돌을 떼어낸 화강암 암벽지대가 보인다. 높은 능선 위까지 돌을 지고 올라왔을 리는 없었을 터, 당시 축성에 동원된 사람들은 가까운 데 있는 바위에서 적당한 크기로 돌을 쪼개서 성을 쌓았다는 것이 이 지방 향토사학자들의 의견이다.

북산에서 견자산, 남산까지 이어지는 강화읍성 축성 공사가 완료된 것은 숙종 37년, 1711년 4월이다. 주로 팔도 승군들이 동원되어 성을 쌓았는데, 북한산성 역시 같은 시기에 완공됐다. 그러나 세월이 흐르면서 현대식 무기의 발달과 전술 전략의 변화로 인해 두 성 모두 실전에 써먹지는 못한 채 버림받고 말았다.

해발 222.5미터인 남산 정상에 이르기 전의 가파른 성벽 구간에서는 강화 읍내와 견자산 그리고 멀리 염하와 조강, 북녘 땅까지 한눈에 보인다. 울창

*민진원 송덕비

강화읍성 남문 안쪽에 있다. 당시 강화유수 민진원이 나서서 기존의 내성에 더해 남산과 견자산 구간까지 넓혀 돌로써 더욱 견고하게 축성했으며, 1711년 완성한 것을 기리는 송덕비다. 자세히 보면 익살스러운 표정의 거북 머리가 눈길을 끈다.

하게 자란 숲에 가려서 읍내 전경이 다 들어오지는 않지만 1876년의 빛바랜 흑백 사진 속에서는 온통 민둥산 능선에 견자산과 북산까지 이어진 완벽한 자태로 찍힌 강화읍성에 치첩과 성가퀴가 뚜렷이 남아 있었으니, 바로 이 부근 어림이 당시의 촬영 지점이었던 것이 분명하다.

산불감시초소가 있는 남산 꼭대기에는 '느티나무' 한 그루가 서 있다. 읍내 어디서도 잘 보이는 이 나무는 강화 사람들에게는 '남산 위의 저 소나무'와도 같은 '남산 위의 저 느티나무'인 셈이다. 널찍한 정상 일대의 남쪽 끝자락에서는 남장대 터*와 봉수대 터 발굴 작업이 한창 진행 중이다. 진행 속도로 봐서 복원된 남장대를 볼 수 있는 날이 그리 먼 것 같지는 않다.

장작 짐 실은 달구지 행렬로 붐비던 서문안길

남산 꼭대기에서는 90도 꺾여서 서문으로 내려가는 길이 이어지며, 고려산과 국화리 저수지 풍경이 시선을 끈다. 정상에서 불과 100여 미터 내려 간 지점에서는 암문**이 처음 나타난다. 암문은 어른 키 높이 정도 되는 규모로 북한산성 암문보다는 훨씬 작다. 여기서 성 안쪽으로는 약수터 가는 길이 이어진다.

성벽 좌우로 빼곡히 들어선 소나무들은 모두 왜송이다. 빨리 자라서 좋기는 하지만 아무짝에도 쓸모 없는 나무다. 조선 소나무의 기품이라든가 아름다운 자태와는 거리가 먼 외래종 소나무들이 울창한 숲을 이루고 있는 구간을 지나 서문과 덕신고등학교가 빤히 내려다보이는 지점에 이르자 길이 급경사를 이룬다. 붙잡고 내려갈 만한 나무조차 없기 때문에 보조 로프를 매어 놓았는데 안전시설치고는 영 어설프기만 하다. 성돌이 하는 이들이 많아질 경우 안전뿐 아니라 토양 침식 방지를 위해서라도 목재 데크와 계단을 꼭 설치해야 할 지점이다.

덕신고등학교 옆을 지나는 복원된 성벽 위로 석수문을 지난 후 연무당 옛터에 내려서면 대체로 강화 사람들이 보통 해오던 성돌이는 여기서 마치는 경우가 대부분이다. 그러나 북산과 견자산으로 해서 다시 남문까지 잇는 길이 완전한 '성돌이'임에야 이제 겨우 반쯤 왔으며, 평지부터 다시 시작해야 하

남산성벽을 따라 오르면 멀리 강화읍내 풍경이 시원하게 펼쳐진다.

는 갈 길이 멀게만 느껴진다.

　오십 여 년 전만 해도 장작 짐 실은 달구지가 한 번에 스무 대씩 줄 지어 들어가곤 했던 서문은 첨화루라는 문루를 얹고 있다. 현판 글씨는 남문에 비해서 훨씬 크고 화려한 점이 눈에 띈다. 서문에는 밤에 조명까지 켜두고 있으니 어둡고도 고졸古拙한 남문과는 그 화려함에 있어 비교가 되지 않는다. 그러나 첨화루 천장에 사신도 중 하나로 그려진 백호는 남문의 주작에 비해 그 완성도나 기품이 현저히 떨어진다. 이제라도 그림 속에서 '맹호출림'의 기세로 박차고 나올 듯한 날렵하면서도 용맹스러운 호랑이가 아니라 앉아서 조는 듯한 호랑이를 그려 놓았으니 말이다.

　서문안길은 불과 반 세기 전만 해도 양쪽으로 식

*남장대 터

남산 꼭대기에 있었으며, 발굴 작업이 진행 중이다. 남장대는 문루와 더불어 주변 일대에 봉수대를 두었다는 기록이 있다.

**암문

조선시대 강화읍성에는 모두 네 개의 암문을 두었다는 기록이 있으나 온전하게 남아 있는 것은 남산 정상에서 서문 쪽으로 약 100m 지점에 있는 암문이 유일하다. 어른 키 높이에 장대석 여러 개로 지붕을 얹었으며, 그 중 하나로 추정되는 장대석이 바닥에 떨어져 있다.

당이 즐비한 강화읍의 주도로였다. 그러나 새길인 48번 국도가 나면서 동네 뒷골목으로 전락해 버렸고, 쇠락한 풍경으로 남아 있을 뿐이다. 150미터 남짓 이어지는 서문안길에는 더러 담벼락에 붙여서 장작을 가득 쌓아놓은 집도 있어 '장작 달구지' 이야기가 실감난다.

강화 정수장 일대, 사라진 성벽

두 번째 구간인 서문에서 북문까지는 1,640미터. 네 개의 강화읍성 구간 가운데서 가장 훼손이 심한 구간이다. 짧은 거리에 걸쳐서 복원된 서문 성벽 끝자락에서 주택 지역으로 올라서면 성벽은 밭 가장자리를 지나기도 하면서 겨우 그 흔적을 짐작할 수 있을 뿐이다. 게다가 집이 몇 채 들어선 곳에서는 아예 길조차 끊겨서 돌아서 가야 하는 일이 벌어진다. 특히 강화 정수장 일대는 아예 성벽 흔적을 찾을 수조차 없다. 그냥 철제 울타리 아래쪽으로 돌아서 가야 다시 성벽이 이어진다.

일단 정수장 구간을 벗어나면 야트막한 고개부터 다시 성벽이 이어진다. 48번 국도 상의 진고개에서 갈라져 향교골로 넘어가는 고갯길이 지나는 부분은 성벽이 끊겨져 있다. 성벽은 민가 울타리와 붙어 있는 산기슭으로 해서 다시 이어지며, 성벽 위로는 느티나무와 대나무가 자라고 있다. 역시 민가 근처의 성벽은 토성 형태의 흔적만 남아 있을 뿐, 성돌은 대부분 사라진 상태다. 왼쪽으로 밤나무 과수원을 끼고 300미터쯤 따라가면 안부에 이르고 성벽이 끊어진 부분이 나온다. 이곳은 성벽을

읍성과 산성

전통적으로 읍성은 평지성으로 관아 등 치소와 민가, 시장을 둘러싸고 있는 성곽을 뜻한다. 외적이 쳐들어오면 성문을 걸어 잠그고 군인과 민간인 모두가 전투에 임하는 시스템이다.

반면에 산성은 고을에서 비교적 가까운 산의 험준한 지세를 이용해서 쌓은 성이다. 읍성과 근본적으로 다른 점은 평소에 사람이 살지 않으며, 무기와 식량을 비축해 두었다가 일단 유사시에 피신 내지는 장기간 농성 전투에 임한다. 따라서 산성에는 성벽과 더불어 창고, 우물이 필수적인 시설로 중시되었다.

일부러 파낸 것 같지는 않고 문이 무너지면서 생긴 흔적일 가능성이 높은 부분이다.

성 안 향교골 일대에서 성 밖으로 드나드는 길이 나 있는 걸로 봐서 암문이 있었으리라 짐작되는데, 지표조사보고서에서도 이곳을 '서암문 터'로 추정하고 있다. 그러나 보다 정확한 것은 주변 발굴 작업을 통해서 장대석과 같이 암문을 구성하는 석재가 나와야 복원 작업이 가능한 일이다.

올라갈 수 없는 '향교산'

'서암문 터'를 지나면 길은 다시 가팔라지기 시작한다. 오른쪽 아래 숲 사이로는 강화여중고 건물이 얼핏 보인다. 강화 향교 뒤에 솟아 있다고 해서 '향교산'이라 불리는 구간이다. 외지 사람들에게 '향교산'은 해발 120미터 남짓한 언덕에 불과해서 눈에 들어오지도 않겠지만 어릴 적 놀이터 추억을 지닌 이들, 특히 평생을 강화읍내에서 살아온 이들에게는 읍성의 모든 봉우리들이 흡사 자신의 몸의 일부라도 되는 양 특별한 의미를 지닌다. '향교골'이나 '궁골', '향교산'과 같은 지명이 바로 그것을 입증한다.

북문고개 서쪽의 120고지를 정점으로 하는 두 번째 읍성 구간은 서암문 터에서 150미터 지점에 있는 100고지부터 온전한 성벽의 모습을 보여준다. 그러나 소나무와 더불어 잡목이 점점 무성해지다가 급기야 120고지 일대를 차지한 정부시설물의 철조망이 앞길을 가로막는다. 한북정맥이나 한남금북정맥 마루금을 타다 보면 늘 겪는 일이지만 강화읍성과 같은 문화재에서 이런 장애물을 만나는 것은 예상하기조차 힘든 일이다.

변변한 안내문이나 경고문조차 없으니 방법은 하나, 돌아서 가는 길을 택할 수밖에 없다. 일단 철조망 왼쪽, 성벽 밖으로는 길이 없으며, 온통 가시덤불과 잡목 사이로 길을 내면서 가야 한다. 그야말로 '고난의 가시밭길'인데 대략 철조망과 일정한 간격을 유지하면서 300미터 가량을 돌파하면 철조망이 끝나고 성벽으로 올라설 수 있다. 이쪽 성벽에서는 강 건너 북한 땅이 바로 보이는데, 더러 성벽 아래로 묘지가 눈에 띈다. 아마도 평생 가고 싶어도 갈 수 없었던 고향을 그리던 실향민의 마지막 안식처이리라.

서문에서 북문으로 가는 소나무 숲길은 호젓한 맛이 일품이다.

한편, 성벽 안쪽으로 40~50미터 내려가서 산허리를 타고 이어지는 호젓한 소나무 숲길을 택한다면 좀더 편한 선택이 된다. 삼림욕을 즐기며 북문까지 걸을 수 있는 이 길은 강화 사람들의 훌륭한 산책로이기도 하다. 솔잎이 수북이 깔려서 걷기 좋은 숲길은 북문 주차장 화장실 뒤쪽에서 정부시설물로 올라가는 아스팔트 도로와 만난다.

북장대 터*는 어디에

북문 주차장은 마침 화장실이 있으니 성돌이 코스를 제대로 만들자면 여기쯤 식수대와 도시락을 먹을 수 있는 휴게소, 조금 더 욕심을 내자면 매점까지 있으면 딱 좋을 장소다. 하다못해 커피나 음료수 자동판매기라도 있으면 좋으련만, 주차장 입구에 우두커니 방치된 자판기는 고장난 지 꽤 오래

***북장대 터**

고려궁지 뒷산인 송악산 정상에 북장대가 있었으며, 현재 그 위치는 두 군데로 추정하고 있다. 옛 지도 등에 나타난 바대로 고려궁지 바로 뒤쪽 봉우리를 꼽는 경우와 북산 동쪽 끄트머리를 꼽기도 하나 정확한 것은 발굴 작업을 해봐야 알 수 있다.

53

북문에서 오읍약수 가는 길. 머리 위로는 벚꽃이 하늘을 가리고, 길가에는 개나리가 동행한다.

인 듯, 자물쇠가 채워진 채 휴업 중이다.

북문을 나서면 길은 두 갈래, 오른쪽 벚나무 늘어선 길이 오읍약수[*]로 향하고, 왼쪽 은행나무 가로수가 길게 늘어선 내리막길은 송해면 신당리 송학골로 향하는 길이다. 봄에는 벚꽃, 가을에는 노랗게 물든 은행잎으로 아름다운 길일 테니 최소한 두 번은 더 와야 그 진면목을 대할 수 있겠다. 북문과 약수터 오가는 길가 벚나무들은 모두 북산 조기회원 60명이 낸 회비로 심은 것인데, 벌써 30여 년을 넘기면서 강화의 명소로 꼽히기에 이르렀다.

강화읍성 세 번째 구간인 북문에서 북산 거쳐 동문까지는 1,641미터, 성벽과 성돌이 가장 잘 보존된 구간이다. 북장대 위치에 관해서는 이견이 있는데, 고지도에 따르면 고려궁지 바로 뒤쪽 산꼭대기에 북장대가 자리한 것으로 추정한다. 그러나 더러는 더 동쪽으로 가서 북산 꼭대기에 북장대가 있었다는 주장도 있다.

고지도에 표현된 북장대 터는 성벽 안쪽으로 2~3미터 솟아 있는 지형인데, 주춧돌 같은 옛날 건물 흔적은 간 데 없고 모래주머니로 쌓아올린 예비군 참호가 버티고 있다. 1970년대에 강화 예비군들이 만든 진지로 요즘은 사용하지

북장대 터로 추정되는 곳. 고려궁 뒷쪽 북산 능선 상에 위치한다.

않는 시설이다. 이곳 역시 남장대 터와 마찬가지로 발굴과 복원 작업이 예정돼 있다.

느티나무 지나 동문으로

북장대 터에서 북산까지는 300미터, 치성을 이루는 북산 정상에서는 북한 땅과 강화도 북부 일대, 염하 건너 문수산과 갑곶리 일대, 견자산과 강화읍내, 건너편 남산, 혈구산, 고려산 등 사방이 잘 보인다. 아마도 성곽의 규모가 더욱 커지고 석성으로 완성된 조선시대라면 당연히 이곳에 북장대를 세웠음직도 한데, 정답은 곧 있을 발굴 작업 결과에 달려 있다.

동문으로 내려서는 길 중간에는 또 하나의 암문 터를 지난다. '북암문 터'로 추정되는 곳이며 성벽이 무너져 있어서 금방 알아볼 수 있다. 게다가 서

세 번째 구간의 끝인 '강도동문(江都東門)'. 북산이 멀리 보인다.

암문 터와 달리 이 부분은 보통 암문에서 볼 수 있는 커다란 성돌이 그대로 남아 있어서 일반 성벽과 쉽게 구분된다.

'북암문 터'에서 아래쪽으로 이어지는 성벽은 민가를 지나면서 자취를 감추고, 간신히 흙더미 윤곽으로나마 짐작할 수 있을 뿐이다. 더러는 성벽 위로 밭이나 집이 들어서 있는 데다 담장까지 길을 막는 정도다. 산길이 끝나고 주택가로 내려서니 상황은 더욱 안 좋다. 성벽으로 짐작되는 곳에 포장도로가 나 있는데, 길 옆에 들어선 집 지붕이 길 바닥과 거의 같은 높이거나 약간 높기 때문에 성벽 위치를 짐작할 수 있다.

강화중학교로 내려서는 길이 바로 성벽과의 경계를 이루는데, 중간에 느티나무 고목 두 그루가 길손을 반긴다. 느티나무에서 동문까지도 성벽 위로 집들이 들어서 있어서 성돌이 답사 코스는 부득이 강화중학교 담장을 끼고 동문으로 이어지는 포장도로를 따를 수밖에 없다. 드디어 세 번째 구간의 끝인 '강도동문江都東門' 앞에 서면 강화중학교 교문 안쪽의 뾰족한 조형물 하나가 눈길을 끈다. 참으로 드물게 남아 있는 '국민교육헌장 기념탑'이다.

견자산 일대는 고려 최씨 무인 정권의 근거지

2003년에 복원된 동문은 한양을 바라본다는 뜻의 '망한루望漢樓' 현판을 달고 있다. 동문 옆으로는 옥림리 거쳐 연미정燕尾亭과 월곶돈대, 월곶나루로 향하는 길이 잘 나 있지만 차들의 왕래는 비교적 뜸한 편이다.

마지막 구간인 동문~견자산~남문은 1,045미터로 가장 짧다. 동문에서 견자산*으로 이어지는 성벽은 흔적을 찾을 길 없어 막연하다. 그저 밭 가장자리로 해서 덤불 우거진 산기슭 능선을 어림짐작으로 올라설 뿐이다. 견자산 북쪽과 서쪽 일대의 밭에서는 한때 고려청자 파편이라든가 온전한 형태를 갖춘 그릇이 제법 나왔다고 한다. 어쩌면 강화는 경주처럼 고려시대 문화의 보고인지도 모를 일. 어릴 때 엿 바꿔 먹을 정도로 산기슭이나 밭에서 흔하게 나왔던 그릇이 바로 '청자'였다는 것이 강화 사람들의 탄식 어린 푸념이다.

특히 견자산 일대가 고려시대 최우, 최항 같은 실력자의 근거지였고, 군사 조련장이 지금의 강화중학교 운동장이었으며, 고려 고종 때 여기서 큰 불이 나 가옥 800여 채가 탔다는 기록을 종합해 보면 밭에서 고려청자 파편이 대량으로 출토됐다는 것이 다 근거 있는 이야기다. 게다가 삼별초가 강화를 떠날 때 배에 싣지 못하는 물건들, 특히 그릇 종류를 항아리에 담아서 밭 한가운데 묻었다는 전설 같은 이야기들이 강화 사람들 사이에서 구전되고 있으니 지금이라도 어느 밭 가운데서 고려청자가 무더기로 나올지 모르는 일이다.

*견자산

해발 60미터, 야트막한 언덕에 불과한 이곳이 당당하게 '견자산(見子山)'이라 불리는 것은 다 그만한 사연이 있어서. 왕자를 원나라에 볼모로 보낸 고종이 이곳에 올라서 아들을 그리워했다는 딱한 이야기다. 게다가 견자산 동쪽 자락 '살채이'는 이성계 세력이 집권 과정에서 어린 '창왕'을 죽인 곳이라는 비참한 지명 유래를 갖고 있으니 높이가 낮아도 결코 만만하게 볼 언덕이 아니다.

북문에서 북산 거쳐 동문까지 가는 길은 성벽과 성돌이 가장 잘 보존된 구간이다.

고도古都로서 거듭 나기를 기원하며

현충탑이 있는 견자산 꼭대기 거의 다 올라서야 성벽이 뚜렷하고, 그 아래쪽은 수풀이 무성해서 여름철에는 성벽이 있는지조차 구분하기 힘들 것이 뻔한 상황이다. 성벽은 현충탑 뒤편 능선으로 이어지다가 강화 읍내로 이어지는 48번 국도 목화예식장 부근으로 떨어진다. 산기슭에 밭이 있는 데다 집이 여러 채 둘러싸고 있으니 성벽은 그 자취조차 찾을 길이 없다.

길을 건너 바로 공영주차장 입구는 복개하기 전 '하수문下水門'이 있었던 자리다. 이제 강화에서는 복개천 아래로 사라져 버린 '하수문' 대신 서문 옆에 세 개의 홍예문을 가진 다리, '상수문*'을 볼 수 있을 따름이다. 하수문 터에서 남문까지 대략 100여 미터는 참으로 볼품없게 복원해 놓은 성벽이 이어진다. 오히려 성벽 안쪽으로 깊게 뿌리 내리고 자란 느티나무며 버드나무가 주인공 역할을 하는 분위기가 역력하다.

약 7킬로미터에 걸친 강화읍성 성돌이 산행을 마치면 강화 사람들 마음속에 '고려'와 고려의 수도 '강도江都'가 변함없이 살아 있음을 새삼 느낄 수 있다. 성은 비록 끊어지고 일일이 등짐 지어 올렸던 성돌은 흩어졌으며, 왕국은 멸망한 지 600여 년이 넘었을지라도 참성단이나 고인돌과 같은 거석 문화에 더해 경주나 공주, 부여와 같은 고도古都로서 강화의 역사적 의미와 가치가 재평가되어야 한다는 강화 사람들의 오랜 염원이 강화읍성 복원과 더불어 실현될 날을 기대해 본다.

*석수문

인천유형문화재 제30호. 세 개의 월단 수문은 각각 화강암을 다듬은 선단석을 4~5단으로 쌓아 이를 교각으로 삼고 그 위에 매끄럽게 다듬은 월단석을 반원형으로 잇대어서 아치를 이뤘다.

원래 이 수문은 1709년(숙종 35년)에 강화 내성을 쌓을 때 남문 옆 성곽과 연결해서 강화읍 중심부를 질러 흐르는 동락천 위에 설치했던 것이다. 1906년에 갑곶나루의 통로로 삼기 위해 석수문은 나루터에 가까운 동락천 어구로 옮겨졌다가 1977년 다시금 제자리에 복원됐다. 그 후 1994년 동락천 복개 공사로 강화 서문 첨화루 서쪽 상수구에 이전 설치했다.

59

단군의 세 아들이
이 성을 쌓았다

소나무 숲길 따라가는
2천 년 역사의 '환상방황'

강화도 최대의 사찰 전등사를 품고 있는 삼랑성은
반나절 산행 코스로 알맞다. 들머리를 남문과 동문
어느 곳을 잡든 1시간 30분이면 돌아볼 수 있으며,
어린이를 동반한 가족 단위 문화유산 답사코스로
훌륭하다. 성돌이 코스 외에도 남문과 동문에서
전등사로 이어지는 숲길이 훌륭하다. 대웅전까지
부여길, 서문까지 부우길, 사고지 지나 북문까지 부소길
등 삼랑성을 쌓은 단군의 세 아들 이름을 붙인 산책로를
돌아오는 데 40분쯤 걸린다.

삼랑성의 정문이라 할 수 있는 남문. 영조 때인
1739년에 처음 세웠다.

03 정족산 삼랑성길
2.15km, 1시간 10분

1. 남문 ~ 동문(0.25km)
❶ 남문 매표소 지나 문 안으로 들어서면 왼쪽으로 부도가 보이며, 오른쪽으로 성벽 따라 길이 이어진다. 100m쯤 가파른 길을 오르면 소나무 숲 울창한 치성 구간에 이른다. 동문까지도 소나무 숲 사이로 내리막길이 150m쯤 이어진다. 동문 바로 안쪽에는 병인양요 당시에 프랑스군을 물리쳤던 양헌수 장군 승전비가 있다.

2. 동문 ~ 북문(0.7km)
❷ 동문에서 성가퀴 없는 성벽 따라 달맞이고개까지는 150m쯤 가파른 길이 이어진다. 일단 달맞이고개까지 오르면 북문까지는 성벽 위로 완만한 길을 따른다.

3. 북문 ~ 서문(0.55km)
전등사에서 온수리 마을로 통하는 ❸ 북문은 동문이나 서문과 마찬가지로 문루가 없는 암문이다. 북문에서 정족산 정상까지 150m쯤 되는 구간은 제법 가파르다. 마니산과 선두리, 덕포리 일대가 훤히 보이는 정족산 정상에서 서문까지는 내리막길이며, 서문 직전에서 100m 이상 치성을 이룬다.

4. 서문 ~ 남문(0.65km)
❹ 서문을 통해서는 전등사에서 선두리 마을을 오갈 수 있다. 70~80m쯤 가파른 길을 오르면 성벽이 90도 꺾여서 동쪽으로 향한다. 바로 이 구간에 전등사 경내가 잘 내려다보이는 바위가 있다. 여기서 완만한 내리막길을 따라 300m쯤 가면 소나무 한 그루 서 있는 치성에 이른다. 치성에서 남문까지는 경사가 급하다.

여행정보
ⓟ 차를 가져갈 경우 남문 앞 주차장이나 동문 주차장에 세워두면 좋다.

ⓑ 대중교통을 이용한다면 온수리 시외버스터미널부터 시작한다. 동문까지는 걸어서 15분, 남문까지는 20분 걸린다. 강화읍에서 온수리행 군내버스가 하루 30회 있다. 첫차 06:00, 막차 21:30.

ⓘ 산성 길 중간에는 샘터가 없으며, 전등사 대웅전 아래 샘이 있다. 사전에 식수와 간식, 도시락 등을 준비한다. 남문 밖과 동문 밖 주변으로 식당가가 있다. 화장실은 남문과 동문 주차장 부근에 있다.

● 전등사 입구

길상초교

북문
❸

정족산 전등사 卍 ❷동문

P 전등사 주차장

❹
서문 삼랑성

❶
남문

● 장흥리 입구

선두리

장흥리

삼랑성 동문 바깥 풍경.

소나무 숲 아름다운 남문길

　정족산성 남문이 '종해루宗海樓'라는 화려한 문루를 얹고 있음에 비해서 동문은 암문暗門에 불과하지만 그나마 벽돌로 얹은 홍예 덕분에 옹색함을 면했다. 게다가 동문은 매표소와 크고 작은 주차장, 아스팔트로 포장된 언덕길 따라서 관광기념품 상점과 식당가까지 거느리고 있으니, 주변의 번잡스러움을 따질 때 결코 남문에 뒤지지 않는다. 그러나 한 가지 뒤처지는 게 있다면 바로 소나무 숲이다. 남문 주차장 일대에 펼쳐진 시원스러운 소나무 숲이야말로 일거에 동문을 압도하는 기품을 지녔으며, 남문이야말로 유일한 삼랑성의 정문이라는 점을 만천하에 과시하고 있는 것이다.

　종해루는 영조 때인 1739년에 처음 세웠으며, 대략 이 시기에 서문이나 동문의 벽돌 홍예가 축조되었을 거라는 추측이 가능하다. 그러나 벽돌 홍예에 관한 기록이 어디에도 남아 있는 것이 없으니 1976년 종해루 복원 당시 벽돌 홍예를 복원한 것이라는 주장도 일리가 있다.

동문 안으로 들어서는 순간 왼쪽으로 아름드리 소나무들이 반기고 오른쪽으로는 비각 하나가 눈길을 끈다. 전등사 경내로 이어지는 숲길이 고즈넉한 이곳은 사실 삼랑성에서 가을철 경치가 가장 아름다운 곳 중 하나로 꼽힌다. 비각 안에는 1866년 병인양요 당시 이곳에서 무도한 프랑스군을 물리친 양헌수 장군의 승전비가 묵묵히 역사를 증거하고 있다. 삼랑성 성돌이는 어느 쪽으로 하든 상관이 없지만 걸음은 자연스럽게 달맞이고개 쪽으로 이어지는 성벽으로 향한다. 동문 앞 이정표는 달맞이고개까지 200미터, 반대로 남문까지 250미터가 모두 '달맞이길'이라 안내하고 있다.

진달래 피는 언덕에서 즐기는 달맞이

5~6분 남짓 제법 가파른 성벽길을 따라서 달맞이고개 꼭대기에 오르면 온수리에서 산등성이 따라 올라오는 길이 내려다 보인다. 바깥으로 불쑥 튀어나간 전형적인 치성雉城* 이 고개 꼭대기를 에워싸고 있으며, 동문과 남문 사이에 소나무 숲을 감싼 또 하나의 치성이 뚜렷하게 구분된다. 동문이나 남문은 움푹 들어간 안부에 위치해 있기 때문에 이쪽으로 공격해 들어오는 적군은 정면의 성벽에서는 물론이고 양쪽 치성에서 협공을 당할 수밖에 없으니, 바로 그 자리가 무덤인 셈이다.

치성 북쪽으로는 별도의 암문이 없는 까닭에 2미터쯤 되는 높이의 성 밖에서 넘어 들어올 수 있게 로프와 쇠사슬을 매어 놓았다. 표지판에는 '온수리 시장'에서 올라오는 길이라 적혀 있다. 사단

*치성

산성의 성벽은 보통 능선을 따라서 쌓는데 자세히 살펴보면 적의 공격을 효과적으로 물리칠 수 있는 구조를 갖고 있다. 특히 성문 양쪽이나 성의 중간 부분, 또는 모서리에 쌓은 돌출된 성벽을 치성이라고 하는데, 공격해 들어오는 적군을 양쪽에서 협공할 수 있도록 고안된 구조다. 각진 형태를 치성, 둥근 형태를 곡성으로 구분한다. 더러 고창 모양성이나 수원 화성 같은 평지성에서는 성문을 감싼 옹성을 따로 쌓기도 한다.

북문 지나서 정족산 정상을 향해 오르는 길.

법인 생명의 숲에서 세워놓은 '숲 생태 해설판'에서는 이 일대가 진달래와 며느리밥풀, 까치수염, 여뀌 등 들꽃이 많다고 소개하고 있다. 일명 '진달래 피는 언덕' 또는 '들꽃 가득한 길'이다.

북문까지 이어지는 성은 여장을 복원해 놓지 않았기 때문에 바로 성벽 위를 걸을 수 있다. 성 안쪽으로는 소나무 숲이 울창하고 그 사이로 전등사* 경내가 보인다. 북향인 바깥 성벽에는 부삿갓고사리, 넉줄고사리 등이 붙어서 자라며, 여름철 길 주변으로는 강아지풀, 솔새, 기름새 같은 벼과 식물들을 볼수 있는 곳이다. 이쪽 성벽 길에서는 북쪽으로 진강산과 덕정산, 길정저수지, 그리고 멀리 혈구산이 한눈에 들어온다. 달맞이고개에서 북문까지는 500미터 거리, 15분쯤 편안한 길이 이어지는데 최근에 복원한 성벽 구간도 보인다.

북문은 벽돌 홍예를 얹고 있는 동문과는 달리 장대석으로 쌓은 전형적인 암문이다. 달맞이고개와 마찬가지로 온수리 시장에서 올라오는 길이 이 북문과 통하며, 바로 내려가면 정족산 사고지 거쳐 전등사로 이어진다. 마을 사람들이 동문이나 남문을 거치지 않고 직접 전등사를 드나들 수 있는 문이 북문인데, 물론 입장료가 면제되는 강화 사람들의 전용 문인 셈이다.

북문은 장대석과 돌로 쌓은 전형적인 암문이다.

*전등사

정족산성 안에 있는 조계종 사찰로 조계사의 말사다. 381년(고구려 소수림왕 11) 아도화상이 창건하고 이름을 진종사라 한 데서 비롯되었다. 1266년(원종 7) 중창했으며, 1282년(충렬왕 8) 충렬왕의 비인 정화궁주가 승려 인기에게 부탁하여 송나라의 대장경을 가져와 이 절에 두게 하고 옥등을 시주하여 전등사로 개칭했다.

보물 제178호 대웅전을 비롯해 약사전(보물 179호), 향로전, 삼성각, 극락암, 범종(보물 393호) 등이 있다.

바닷길 감시 초소였던 정족산

북문에서 길은 다시 가팔라지고 150미터쯤 올라서면 정족산 정상이다. 표지판에는 '삼랑성 정상 해발 113미터'라고 적혀 있다. 그리고 바로 아래 붉은색으로 '정족산'이라는 안내문이 붙어 있는데 나중에 따로 설치한 것처럼 보인다. 단군의 세 아들 부여와 부우, 부소가 쌓은 성이 '삼랑성三郞城'이고, 멀리서 보면 솟아 있는 세 개의 봉우리가 흡사 다리 셋 달린 옛날 솥과 같다고 해서 후세에 붙인 산 이름이 '정족산鼎足山', '솥다리산'이다. 따라서 삼랑성과 정족산성은 같은 성을 일컫는 말이며, 산은 따로 정족산이라 부르는 것이 맞다.

정족산 정상에서는 마니산이 한눈에 들어오고, 길상산과 초피산 사이의 갯골을 막은 선두포둑과 멀리 분오리 저수지까지 잘 보인다. 숙종 때인

1711년 길이 370미터 가량인 선두포둑 공사를 마침으로써 두 개의 섬이었던 강화가 하나로 이어진 것인데 가릉포와 선두포 사이의 광활한 농경지가 사실은 모두 역사 오랜 간척지인 셈이다. 농지 정리가 되기 전까지만 해도 과거 갯골의 흔적이 구불구불한 습지 수로로 남아 있었지만 이제는 반듯하게 직선으로 수로가 정비되면서 갯골의 자취는 찾아볼 수 없게 됐다. 그러나 아직 저수지처럼 넓은 면적에 걸쳐 남아 있는 '망실지' 같은 곳이 바로 바닷물이 드나들었던 갯골이었음을 입증하고 있다.

배가 드나드는 사방 바다가 훤히 내려다보이니, 이곳을 차지했던 누구든 성을 쌓을 수밖에 없었으리라. 단군시대 이래 '삼랑성'이 삼국시대와 고려시대에 똑같이 중시되었으며, 조선시대 병인양요 당시 프랑스군과 격전을 치렀던 사실은 이 성의 전략적 요충지로서의 가치를 여실히 입증하는 대목이다.

정족산 정상에서 길은 성벽 안쪽으로 가파른 내리막 따라서 서문으로 이어진다. 정족산 정상에서 서문으로 이어지는 성벽은 동문의 경우와 마찬가지로 서문을 방어하는 하나의 치성을 이루고 있다. 그러나 겨울철을 제외하고는 울창한 숲에 가려서 잘 보이지 않기 때문에 그냥 지나치기 십상이다.

놀라움과 함께 즐거움 선사하는 길

서문은 동문과 마찬가지로 까만색 벽돌 홍예를 얹고 있다. 동문과는 달리 두 개의 문짝이 달려 있기는 하지만 벽돌 홍예의 크기와 형태가 같은 걸로 봐서는 조성 연대가 정확하게 언제인지는 몰라도 동일한 시기에 만들어진 것임에 틀림없다.

서문 밖으로 내려가면 선두리 마을. 선두포둑이 생기기 전까지만 해도 배가 드나들던 포구 마을이었다. 인적이 거의 끊기다시피 한 서문에서 선두리 내려가는 산길은 늘 나그네를 유혹하듯 고즈넉한 분위기다.

서문에서 제법 가파른 길을 오르면 전등사가 훤하게 내려다보이는 지점에 이른다. 여기서는 소나무 숲 사이로 조선왕조실록을 보관했던 정족산 사고* 건물 지붕도 보인다. 제법 큼직한 바위가 여러 개 드러나 있는 조망 포인트를 지나면서 성벽 길은 왼쪽으로 떡갈나무와 굴참나무, 소나무가 어우러진 숲으

정족산 정상에서 바라본 선두리 일대 간척지.

로 이어진다. 전등사 경내가 잘 보여서 욕심을 내
볼 만하지만 나뭇가지에 가려 사진 찍기는 어려운
구간이다. 이 길에서는 바로 동쪽으로 길상산이 잘
보이고, 멀리 염하와 초지진, 초지대교, 황산도 일
대의 바다가 한눈에 들어온다. 게다가 남문 쪽으로
성벽이 90도 꺾이는 지점에는 잘 생긴 소나무 두
그루와 최근 복원 중인 치성이 눈길을 끈다.

산성에서 성가퀴[女墻]는 보통 세 개의 총안 단
위로 구획해서 쌓는다. 한꺼번에 무너지는 걸 막기
위함인데 이를 한 '타'라 하고, 타와 타 사이에는 타
구가 있다. 총안은 원거리 사격용인 '원총안'과 근
거리 사격용인 '근총안' 두 가지가 있으며, '근총안'
은 구멍이 성 밖 아래쪽으로 경사지게 나 있어서
가까이 접근한 적을 겨냥해 활이나 총을 쏠 수 있
어서 '원총안'과 구분된다.

*정족산 사고

조선 후기 외사고(外史庫)의 하나
로 정족산성 안 전등사 서쪽에 있
다. 1653년(효종 4년) 11월 마니
산사고(摩尼山史庫) 실록각의 실
화사건으로 많은 사적들이 불타
게 되자 정족산성 안에 사고 건물
을 짓고, 1660년(현종 1년) 12월
에 남은 역대신록과 서책을 옮겨
보관하게 되었다. 1866년 병인양
요 때에 강화도를 일시 점거한 프
랑스 해병들에 의하여 정족산사
고의 서적들이 일부 약탈되기도
하였다.

현재 정족산 사고 본 실록은 서울
대학교 도서관에서 보존 관리하
고 있다.

치성에서 남문까지 내려서는 구간에서는 남문과 동문 사이의 능선을 따라서 돌출해 있는 또 다른 치성이 보이고 그 뒤로 멀리 동문에서 달맞이개로 이어지는 성벽까지 보인다. 그만큼 시야가 넓다는 것은 쳐들어오는 적을 방어하기 유리하다는 뜻이다.

정족산 소나무에 새겨진 역사

남문에서 동문까지 마지막 250미터 구간, 가파른 성벽을 따라서 오르다 문득 뒤돌아보면 규모는 좀 작지만 북한산성 대남문에서 보현봉 방향으로 이어지는 성벽 길과 흡사하다는 느낌이 든다. 남문과 동문 사이의 중간 지점인 치성에 이르면 울창한 소나무 숲이 반긴다. 그중 잘 생긴 소나무 한 그루 아래 검은 색 묘비가 있어서 살펴보니 수목장을 지낸 곳이다. 얼마 전 작고한 오규원 시인이 수목장으로 안장된 곳이 바로 이 소나무 숲이다.

소나무 그늘 따라서 걷는 길은 더 없이 쾌적하다. 그러나 밑둥치가 절반 이상 벗겨진 소나무 한 그루가 눈길을 끈다. 바로 왜정 때 송진 채취한 흔적이다. 태평양전쟁 말기 당시인 1940년대, 이 나무의 굵기가 지금과 같았을 텐데 참혹한 상처와 더불어 더 이상 자라지 못한 사연이 가슴을 때린다.

전쟁 막바지에 유류 부족 사태에 직면한 일본은 조선 땅에서 어린이까지 동원한 대대적인 송진 채취 작업을 벌였는데, 그 흔적이 이곳 삼랑성 소나무 숲에까지 적나라하게 남아 있는 것이다. 그러나 해방 전 세대는 이미 그런 사실이 까마득한 역

전등사 약사전

대웅보전 서쪽에 있는 아담한 건물로 보물 179호다. 중생의 병을 고쳐준다는 약사여래를 모시고 있다. 창건 연대 미상이며, 건축 수법이 대웅보전과 비슷하여 조선 중기 건물로 짐작된다. 앞면 3칸, 옆면 2칸이며, 지붕은 옆면에서 볼 때 여덟 팔(八)자 모양과 비슷한 팔작지붕이다. 건물 안쪽 천장은 우물 정(井)자 모양이며 주위에는 화려한 연꽃무늬와 덩굴무늬를 그려 놓았다. 건축 수법이 특이하여 조선 중기 목조 절집을 연구하는 데 귀중한 자료로 평가받는 건물이다.

◆소나무 숲이 시원스러운 삼랑성 남문길.

70여 년 전 일본인들이 행한 핍박과
약탈의 역사를 생생하게 증언하고 있는
정족산 소나무.

사 저편의 일이 되고 말았다. 그러고 보면 세월이 지나면서 동족 간에 벌어졌던 한국전쟁조차 '잊혀진 전쟁'으로 치부되는 판국이니, 그보다 먼 일제 치하에서 쌀 공출은 물론이고 무기 만든답시고 밥그릇까지 빼앗아간 일은 당대에 피해를 입은 이들의 사망과 더불어 이미 망각 속으로 사라져버린 것일까. 정족산 소나무에는 너무도 생생하게 70여 년 전 일인들이 행한 핍박과 약탈의 역사가 새겨져 있다.

세월이 지나도 여전히 아물지 않는 상처를 간직하고 있는 소나무들을 뒤로하고 햇살 따스하게 내리쬐는 동문에 내려선다. 다시 만나서 반갑기도 하련만 양헌수 장군 승전비는 여전히 그 자리에서 무뚝뚝하게 말이 없다. 단군시대 이래 2천여 년, 삼랑성이라는 완벽한 폐곡선 안에서 이루어진 소중한 역사의 '환상방황'이 두 시간도 안 걸려서 이루어진 셈이다.

전등사 대웅보전과 나부상 전설

1600년 이상의 역사를 지닌 전등사는 여러 차례 불이 났고 대웅보전도 여러 번 중건되었다. 석가여래삼존을 모신 대웅보전은 보물 178호로, 1621년^광해군 13 정면 3칸, 측면 3칸의 단층 팔작지붕으로 세웠다. 1916년 수리 당시 발견된 《양간록樑間錄》에는 1605년^{선조 38} 불타고 1614년에 다시 불이 나 전소된 것을, 1615년에 개축하여 1621년에 완성했다고 적고 있다.

지금의 대웅보전 추녀 밑에 나부상이 만들어진 것은 17세기 말로 추측된다. 나라에서 손꼽히는 도편수가 대웅보전 건축을 맡았는데 그는 공사 도중 사하촌의 한 주막을 드나들며 주모와 눈이 맞았다. 사랑에 눈이 먼 도편수는 돈이 생길 때마다 주모에게 모조리 건네주었고, 불사가 끝난 후 부부의 연을 맺자는 약속을 하기에 이르렀다. 주모와 함께 살게 될 날을 손꼽아 기다리며 대웅보전 불사를 마무리하던 도편수가 공사 막바지에 이른 어느 날 주막으로 찾아가 보니 주모는 자취를 감추고 없었다. 그간 건네준 돈까지 몽땅 가지고 야반도주를 한 것이다. 배신감에 울부짖던 도편수는 주모에 대한 분노 때문에 일손이 잡히지 않았다. 그러나 복수의 일념으로 마음을 다잡고 대웅전 공사를 마무리하면서 대웅전 처마 네 귀퉁이에 벌거벗은 여인이 지붕을 떠받치는 조각을 올려 놓았다. 이 나부상이 더욱 재미있는 것은 네 가지 조각이 제각각 다른 모습이라는 점이다. 자세히 비교하면서 보면 옷을 걸친 것도 있고 왼손이나 오른손으로만 처마를 떠받든 조각도 있으며 두 손 모두 올린 것도 있다.

돈대에서 돈대로 이어지는 징검다리

갑곶돈대에서 초지진까지
염하 따라 가는 길

갑곶돈대에서 초지진까지 16.39킬로미터는
'염하鹽河'를 따라서 걷는 길이다. 염하는 강도 아니고
바다도 아니다. 이름 그대로라면 '소금 강'이라는
뜻인데, 바닷물이 하루 두 차례, 밀물과 썰물로
드나들다 보니 그런 이름을 얻게 됐다. 김포반도와
강화도 사이에 남북으로 약 22킬로미터에 걸쳐서
이어지는 이 물길은 한강의 연장이기도 하다. 그러나
특이하게도 이름 끝에 이 땅의 강에서는 찾아볼 수
없는 '하河'자를 달고 있으니, 이름만으로 치면 중국의
황하와 대등한 셈이다. 갑곶돈대에서 출발하여 염하를
따라 남쪽으로 가는 길 중간에는 가리산돈대, 용진진,
화도돈대, 오두돈대, 광성보, 용두돈대, 손돌돈대,
덕진진, 남장포대가 있다. 원래의 강화 외성은 고려
고종 때 쌓은 토성이며, 이들 돈대와 진보는 대부분
조선 효종~숙종 때 완성된 것이다.

강화 외성길 끝에서 만나는 초지진.

04 강화 외성길
19.08km, 4시간 45분

1. 갑곶돈대 ~ 가리산돈대(3.06km)

❶ 강화역사관 매표소를 지나면 오른쪽으로 비석이 줄지어 서 있다. 금표비와 역대 강화 유수의 송덕비를 모아 놓은 것이다. 역사관 건물 오른쪽으로는 천연기념물 78호인 탱자나무와 이섭정이 있다. 염하 쪽으로 설치된 포대에서는 강화1, 2대교가 보인다. ❷ 갑곶돈대에서 다시 강화역사관 주차장으로 나와서 갑곶다리 건너서 해안순환도로 따라 남쪽으로 2.5km쯤 가면 ❸ '순국터' 비석에 이른다. ❹ 더리미포구는 여기서 300m쯤 더 간다. ❺ 가리산돈대는 더리미포구 마을에서 마을길 따라 200m쯤 올라간 곳에 있다.

2. 가리산돈대 ~ 용당돈대(2.8km)

가리산돈대에서 내려와 더리미포구 마을로 내려가지 않고 반대 방향으로 내려가는 비포장 길이 있다. 350m쯤 가면 해안순환도로에 이른다. 여기서 길 따라 용진진 참경루까지는 1.18km 더 간다. ❻ 좌강돈대는 참경루 바로 옆에 있는 원형 돈대다. 입구는 서쪽에 있다. ❼ 용진진에서 해안도로 따라 고갯길이 시작된다. 용당돈대 입구는 고개 넘어 연리 들어가는 갈림길과 만나는 길목에 있다. 용진진부터 1.11km 지점이며, ❽ 용당돈대는 여기서 150m쯤 꺾여서 들어간 산모퉁이에 숨어 있다.

3. 용당돈대 ~ 오두전성(2.42km)

용당돈대에서 해안도로를 따라 1.23km 가면 화도교 건너기 직전, 길 왼쪽으로 장방형의 ❾ 화도돈대가 있다. ❿ 오두돈대는 여기서 1km 더 남쪽에 위치한다. 주차장과 화장실이 있으며, 돈대는 언덕 위로 70~80m쯤 더 올라간 곳에 있다. ⓫ 오두전성(또는 강화전성)은 돈대에서 남쪽 능선을 타고 내려와 200m 떨어진 곳에 있다. 부근에서 문루와 오두정 자리 또한 찾아볼 수 있다.

4. 오두전성 ~ 광성보 용두돈대(3.79km)

오두전성에서 2.44km 가면 광성보 입구 삼거리에 이른다. 여기서 왼쪽 길을 택해 320m 가면 ⓬ 광성보 주차장과 매표소 지나 안해루다. 안해루에서 쌍충비각까지는 소나무 숲길로 210m를 더 가며, ⓭ 손돌목돈대는 여기서 410m 떨어진 곳에 있다. 손돌목돈대에서 팔각정휴게소까지 250m, ⓮ 용두돈대까지는 160m 거리다. 휴게소에서 광성포대 역시 160m 거리다.

5. 용두돈대 ~ 덕진진 덕진돈대(3.75km)

광성보 주위로는 철제 울타리를 쳐놓았기 때문에 용두돈대나 광성포대에서 덕진진을 가려면 왔던 길을 되짚어 광성보 입구 삼거리까지 1.35km를 나가야 한다. 삼거리에서 ⓯ 덕진진 입구 사거리까지는 1.7km 거리다. 여기서 주차장과 매표소, 공조루와 ⓰ 남장포대 지나 덕진돈대까지는 700m 더 가며, 대원군이 세운 '바다의 척화비'는 돈대 바로 아래에 있다.

6. 덕진진 덕진돈대 ~ 초지진(3.26km)

덕진진 입구 사거리에서 520m 남쪽으로 간 후, 계속 해안도로를 따라 갈 수도 있고 왼쪽으로 해안선 따라 이어지는 둑길로 내려설 수도 있다. 초지포구까지는 1.54km, 초지포구에서 활어회센터 지나 ⓱ 초지진까지는 430m 더 간다.

여행정보

ⓟ 차를 가져갈 경우 강화역사관
   주차장(무료)에 세워두면 좋다. 답사가
   끝나는 초지진에도 주차장이 있으나
   유료다. 초지진 주차장에 차를 세우고
   해안순환버스로 강화역사관까지 돌아와서
   걷기 시작할 수도 있다.

ⓑ 대중교통을 이용한다면 강화역사관부터
   시작한다. 강화시외버스터미널에서 역사관
   거쳐 초지진까지 순환버스가 하루 11회
   다닌다.

ⓘ 도중에 매점, 음식점 등이 간간이 있으나
   사전에 식수와 간식, 도시락 등을 준비하는
   것이 좋다. 화장실은 강화역사관, 오두돈대
   주차장, 광성보 주차장, 덕진진 주차장,
   초지진 주차장 등에 있다.

염하를 향해서 형제처럼 나란히 포신을 겨냥하고 있는 갑곶돈대의 구식 대포.

갑곶돈대에서 가리산돈대까지

강화도 해안선 일주의 들머리는 강화대교 건너서 바로 남쪽, 강화의 관문인 갑곶돈대와 강화역사관으로 잡는다. 지난 1997년 제2강화대교 준공 후 폐쇄된 제1강화대교 언저리에 있는 천주교 갑곶돈대 순교성지 역시 빼놓을 수 없는 답사 코스다. 강화역사관은 선사시대부터 근세에 이르기까지 강화도의 역사와 문화를 일목요연하게 소개하고 있기 때문에 강화도를 돌아보기 전에 꼭 들러야 할 '방문자안내소'와도 같은 곳이다. 사실 강화는 전체가 '지붕 없는 박물관'과 마찬가지다. 따라서 경주처럼 강화 전체를 하나의 국립공원으로 지정해야 할 텐데 그렇지 못한 사이, 지금 이 시간에도 소리 소문 없이 사라져 가는 것이 한둘이 아니다. 역사관과 더불어 갑곶돈대 일대는 최소한 한 시간쯤 잡아도 바쁘게 움직여야 할 만큼 볼거리가 많다.

강화역사관 경내로 들어가다 보면 오른쪽으로 줄지어 서 있는 크고 작은 67개의 비석이 눈길을 끈다. 강화 읍내와 각지에 흩어져 있던 선정비와 영세

불망비 등을 한데 모아 놓은 것이다.

역사관 건물을 지나 갑곶돈대로 올라가는 모퉁이에는 범상치 않아 보이는 나무 한 그루가 있다. 천연기념물 제78호로 지정된 갑곶리 탱자나무*다. 원래 강화에는 탱자나무가 많았다고 한다. 가시투성이인 이 나무는 주로 성벽 아래 심었는데, 해자와 더불어 천연의 장애물 역할을 톡톡히 했다. 그러나 현재는 사기리 탱자나무천연기념물 제79호와 더불어 천연기념물로 지정된 것 외에는 찾아보기 힘들다.

갑곶돈대 경내에서 주목할 만한 곳 중 하나는 '이섭정利涉亭'이다. 이섭정은 고려시대에 원나라와의 협상이 잘 이루어질 것을 염원해서 세운 팔각정자였다. 원래는 옛 진해루 옆에 있었는데 무너진 지 오래되어 1398년태조7 강화부사 이성이 현 위치에 세웠으나 다시 무너졌고, 현재 정자는 1976년 국난극복의 역사전적지 복원사업 당시 복원한 것이다. 조선시대에 세운 정자 자리에 콘크리트로 새롭게 올린 이섭정에 오르면 바로 가까이에 염하로 흘러드는 동락천과 멀리 남쪽 해안선이 한눈에 들어온다.

조선 최초의 해군사관학교가 있었던 갑곶리

갑곶돈대 성벽을 따라서 걷다 보면 두 개의 강화대교와 더불어 염하 건너 문수산성이 한눈에 들어온다. 대포 쏘기 좋은 곳은 사진 찍기도 알맞은 전망대. 염하를 향해서 형제처럼 나란히 포신을 겨냥하고 있는 구식 대포 몇 문은 비록 관광지 눈요기감으로 전락한 처지임에도 불구하고 한때 이곳이

*갑곶리 탱자나무

현재 수령은 약 400년으로 추정되며 나무의 크기는 높이 4m, 지상부의 줄기 둘레 1m이다. 2갈래로 갈라졌으며 가슴높이의 지름은 약 14cm 정도이다.

탱자나무는 가시가 많아서 적군의 접근을 막기 위해 성벽 아래 집중적으로 심은 일종의 방어시설물이었다. 강화도 탱자나무는 북방한계선에 자라는 것으로도 의미가 있다.

민간에서 탱자나무를 생울타리로 심은 이유는 가시가 귀신을 쫓는다는 주술적인 면이 크게 작용했다. 전염병이 돌면 엄나무의 경우처럼 탱자나무 가지를 잘라 문 위에 걸어두어 역신(疫神)을 쫓는 민속도 같은 연유다.

강화도 해안방어의 중심지였고, 경비가 삼엄한 요새였음을 말없이 증거하고 있다. 그러나 전체적으로 성벽이 이어지다 만 듯, 뭔가 부족한 느낌이 드는 것은 제1강화대교와 이어지는 옛 48번 국도로 말미암아서 갑곶돈이 절단 나 있기 때문이다. 길과 나란히 역사관 담장이 있지만 원래 갑곶돈대의 가장 높은 부분은 이 담을 넘어서 다리 입구 일대까지 포함하는 것으로 봐야 옳다. 특히 갑곶돈은 북쪽의 염주돈, 제승돈, 망해돈과 더불어 종3품 벼슬인 만호가 지휘하는 제물진 소속 돈대 중 하나였으니만큼 현재 남아 있는 갑곶돈대보다 더 넓은 지역에 걸쳐서 더 많은 방어 시설이 있었으리라는 추측이 가능하다.

실제로 강화에 다리와 길이 나기 전까지 현재의 천주교 갑곶성지 일대에는 '진해마을'이 있었으며, 제1, 2강화대교 사이에 '진해루鎭海樓'와 갑곶나루가 있었다. 강화 외성은 동문 격인 진해루에서 북쪽으로 당산 능선을 따라 이어지며, 남쪽으로는 동락천 건너 가리산돈대까지 이어졌다. 아직 발굴작업이 이루어지지는 않았지만 기록과 사진에 따르면 1893년 조선 최초의 해군사관학교 격인 '통제영학당統制營學堂'이라든가 제물진 만호의 진영이 진해마을 일대에 있었으리라는 것이 강화향토사연구소 류중현 소장의 추측이다. 당시 조선은 1876년 최초의 신식 군함인 3천 톤급 '양무호'를 일본에서 구입해 운용하고자 했으나 여의치 못하자, 이를 운용할 해군을 양성하고자 영국 해군 장교를 교관으로 초빙해서 강화에 해군사관학교를 설립했던 것으로 보인다.

고려시대의 토성 위에 쌓은 강화 외성

본격적인 강화도 걷기 탐사는 강화역사관*을 나서면서 시작된다. 주차장지나 갑곶다리를 건너면 남쪽으로 염하와 나란히 해안순환도로가 이어진다. 길 한쪽에 자전거 도로가 나 있기는 하지만 인도가 따로 없기 때문에 늘 오가는 자동차에 주의를 기울여야 한다.

더리미포구가 빤히 보이는 중간 지점쯤 이르면 잘 가꾼 잔디밭과 검은 비석 앞에서 발길이 멈춘다. 비석에는 큰 글씨로 '순국터'라고 새겨져 있어 더욱 궁금하게 만든다. 비석에 새겨진 바로는 바로 이곳이 1907년 강화의병운동에 앞장섰던 김동수 형제가 왜경에게 목숨을 잃은 현장이며, 자세한 내용은 강

바닷물이 하루 두 차례, 밀물과 썰물로 드나드는 물길, 염하. 멀리 보이는 산이 김포 문수산이다.

화읍내 감리교회에 세워진 추모비에 적혀 있음을 알리고 있다. 굳이 읍내 교회까지 가지 않아도 알 수 있게끔 좀더 자세한 전후 사정을 담은 글을 비석 뒷면에라도 새겨두었더라면 하는 아쉬움에 시선을 돌리면 왼쪽으로 안내판 하나가 눈에 들어온다. 그러나 그 안내판은 '순국터' 비석과는 관계없는 것으로, 잔디공원으로 조성된 이 일대가 '강화 외성'의 일부라는 내용을 담고 있다.

'강화 외성'에 관해서는 이중환의 택리지에 그 기록이 전하고 있다. 조선 숙종 때 염하를 따라 북쪽 월곶 연미정에서 남쪽 초지진까지 16킬로미터에 걸쳐 성을 쌓은 것이 바로 '강화 외성'이다. 처음 이 성을 쌓은 시기는 고려 고종 때로 몽고의 침입을 피해 강화로 천도한 이후 1233년, 염하 북쪽 적북돈대부터 남쪽 초지진까지 23킬로미터에 이르

*강화역사관

강화도 여행 전에 꼭 들러 보아야 할 곳으로 지하 1층, 지상 2층 건물에 4개의 전시실이 있다.

연중무휴로 3~5월, 10월에는 09:00~18:00, 여름철 6~9월에는 19:00까지, 겨울철 11~2월에는 17:00까지 문을 연다.

역사관 매표소에서는 역사관 외에 고려궁지, 광성보, 덕진진, 초지진 일괄입장권을 30% 할인 가격으로 판매한다. 일괄 구입한 입장권은 이틀 간 유효하다.

문의 032-933-2178

강화역사관 주차장에는 자전거 대여점(유료)이 있다. 초지진까지 해안순환도로를 따라서 9km에 이르는 자전거 도로에 한 번쯤 도전해볼 만하다. 09:00~17:00까지 이용 가능하다.

문의 032-933-3692

아담하고 평화로운 어촌, 더리미 포구.

는 토성이었으며, 이 고려시대의 토성을 바탕으로 하여 병자호란 이후 숙종 때 돈대와 돈대, 진보를 잇는 성을 쌓은 것이다. 이러한 축성 전까지만 해도 염하 일대의 해안선은 드나듦이 매우 복잡한 데다 썰물 때는 갯벌이 넓게 펼쳐져 있어서 지형상 접근하기 힘든 천혜의 요새나 다름없던 곳이었다.

강화에서 전사한 열세 살 소년 유격대원

가리산돈대를 끼고 있는 더리미포구는 장어구이마을로 유명한 곳. 십여 척의 고깃배가 드나드는 이 포구마을부터 강화대교가 있는 갑곶리는 물론이고 강화 외성 남쪽 끝부분까지 철책으로 막혀 있던 해안선이 열려 있어서 마음대로 나가볼 수 있다. 차를 타고 그냥 지나쳐가던 더리미는 걸어서 돌아보면 돌아볼수록 참 아담하고 평화로운 어촌이다.

돈대 흔적조차 찾아볼 수 없는 가리산 꼭대기에서는 멀리 북쪽으로 강화대교와 문수산성, 갑곶돈대, 그리고 남쪽으로 용당돈대를 휘감아 흐르는 염하가 보인다. 벼랑을 이룬 바로 아래로는 해안순환도로가 지나고, 염하에는 어선한 척이 저녁 햇살을 받으며 한가롭게 떠 있다. 가리산돈대는 용당돈, 좌강돈과 더불어 용진진에 속한 돈대로 복원 예정에 있으나 아직은 버려진 채 황량

강화도 청소년 유격대원 추모공원.

한 상태 그대로다.

　가리산 중턱에는 유엔기와 더불어 한국전쟁 참전 16개국의 깃발이 휘날리는 공원이 있다. 더리미 마을 어디에도 여기 이런 공원이 있다는 사실을 알리는 표지판이 없는데, 박정희, 김종필 씨 같은 지난 시절 권력자의 휘호가 새겨진 기념비까지 즐비하게 늘어서 있다. 오석에 '위국충렬爲國忠烈'이라 새겨진 김종필씨의 글은 온건하고 부드러운 반면, 화강암에 '자주의병自主義兵'이라는 박정희 전 대통령의 글은 1973년 6월 25일 쓴 것으로 강직한 무인의 기개가 넘쳐흐르는 데다, 글자들이 금방이라도 죽창을 들고 튀어나올 것처럼 '비분강개'를 담고 있다.

　공원 북쪽에 족히 수십 톤은 됨직한 거대한 화강암이 있어 가까이 가보니 사람들의 이름이 빼곡히 새겨져 있다. 자세히 들여다보니 6·25전쟁 때 유

육필문학관

지난 2004년에 문을 열었으며, 서정주의 〈난초〉, 조병화의 〈나의 자화상〉, 김춘수의 〈꽃〉 등 시인이나 작가가 직접 쓴 원고를 볼 수 있다. 악필이어서 절대로 남에게 자필을 남기지 않는다는 수필가 피천득씨가 육필문학관을 세운 노희정 시인에게 보낸 짤막한 글도 눈길을 끈다.

문학관 마당에는 황진이, 허난설헌, 홍랑, 이매창, 신사임당 등 조선시대 여류 문인 다섯 명의 대표작을 돌에 새긴 문학비가 있다. 강화군 선원면 연리 215-7 산기슭에 있으며, 용당돈대에서 가깝다. 예약 후 관람 가능.

032-933-7793, 019-244-7776
cafe.daum.net/munhakgwan

원형의 좌강돈대 성벽에 오르면 과거 해안선을 이루었음직한 주변 지형이 한눈에 들어온다.

격대원으로 참전했다가 전사한 470명 강화 청소년들의 이름 가운데 열세 살 짜리 소년이 두 명이나 있다. 합동위령제를 지낸 후 그냥 방치된 제단은 2006년 6월 25일 지낸 행사의 흔적이다. 3년 전에 20회째 위령제를 올린 것이니, 위태위태하게 지나온 그간의 세월이 짐작될 만하다. 텅 빈 채 굳게 잠겨 있는 '6·25참전 소년유격대회관' 건물 앞에서 돌아서는 길, 빛바래고 찢어진 채 맵찬 바닷바람에 펄럭이는 참전 16개국의 깃발이 무색할 따름이다.

가리산돈대에서 광성보까지

가리산돈대에서 더리미포구 마을로 내려가는 길 중간에 왼쪽으로 야트막한 고개를 넘으면 마을을 거치지 않고 바로 해안순환도로에 이른다. 길 따라서 좌강돈대가 있는 용진진까지는 1.6킬로미터. 지난 1999년에 복원된 용진진* 참경루斬鯨樓 날렵한 지붕이 멀리서도 눈에 띈다. 참경루 바로 옆에 있는 원형의 요새가 바로 좌강돈이다. 염하쪽으로 간척지를 넓혔기 때문에 원래는 바닷가에 있던 돈대와 문루가 땅 한가운데로 들어앉아 버리고 말았다.

원형의 좌강돈대 성벽에 오르면 과거 해안선을 이루었음직한 주변 지형이 한눈에 들어오고, 동쪽으로는 염하가, 멀리 서쪽으로 고려산과 혈구산, 진강산이 잘 보인다. 용진진 못 미쳐 해안순환도로에서 서쪽으로 난 갈림길을 택하면 선원사지에 이른다. 좌강돈대 아래쪽으로는 대형버스까지 세울 수 있는 널찍한 주차장이 있으며, 가까이에 버스정류장이 있다.

*용진진

효종 7년(1656)에 세운 용진진은 좌강돈대와 더불어 북쪽의 가리산돈대, 남쪽의 용당돈대를 관할했으며, 병마 만호의 진영이 있었던 곳이다. 주둔했던 병력은 군관 24명, 사병 59명, 진군 18명 등 101명이었으며, 방어 시설은 포좌 4개소, 총좌 26개소였다. 그러나 석축 대부분이 없어지고 홍예 2문만이 남아 있었던 것을 1999년에 좌강돈대와 함께 문루인 참경루를 복원했다. 왼쪽 홍예의 높이는 2.57m, 폭 4.15m, 두께 60~61cm이고, 오른쪽 홍예의 높이는 2.14m, 폭 4.8m, 두께 50~60cm의 규모이며 석재는 화강암이다. 1999년 인천광역시 기념물 제42호로 지정되었다.

산모퉁이에 숨어 있는 용당돈대

용진진에서 용당돈대까지는 1.1킬로미터 가량 오르막길이 이어진다. 몇몇 지도에는 '옹골돈대'로 표기돼 있는 곳이 바로 용당돈대다. 고갯마루에서 서쪽 능선 일대에는 짓다 만 드라마 촬영장이 있고, 버스정류장이 있는 내리막길을 따르다 보면 왼쪽으로 용당돈대 진입로가 이어진다. 비포장에 좁은 내리막길이라서 차는 들어갈 수 없으며, 주차장도 따로 없다. 큰길에서 돈대까지는 90도 왼쪽으로 꺾어서 50미터쯤 내려갔다가 다시 비스듬히 오른쪽으로 100미터쯤 올라간다. 바로 길가에 있는 용진진과는 달리 용당돈대는 길가에 별도의 안내판이 아직 없는 데다가 염하 쪽으로 숨어 있기 때문에 웬만큼 눈 밝은 사람 아니면 그냥 지나치기 십상이다.

지난 2001년에 복원한 용당돈대는 화강암으로 쌓은 원형 진지인데, 출입구 부분과 돈대 하단부에 들어가 있는 돌은 색깔이 달라서 최근에 쌓은 하얗고 매끈한 화강암과 구분된다. 비록 일부만 남아 있다고 해도 3백여 년 전 조선시대 석수장이가 일일이 손으로 다듬어서 쌓아올린 거칠고 투박한 성

85

용당돈대 한가운데 나무 한 그루가 자라고 있다. 바로 옆에는 집터 흔적이 남아 있다.

돌에서는 온기마저 느껴진다.

돈대 가운데에는 특이하게 나무 한 그루가 자라고 있으며, 그 옆으로 집터 흔적이 눈길을 끈다. 성가퀴 없는 용당돈대 성벽에 오르면 북쪽으로 문수산성과 강화대교, 갑곶, 가리산 더리미포구, 용진진이, 남쪽으로는 오두돈대와 광성보 일대가 한눈에 들어온다. 염하 건너편으로는 김포시 월곶면 군하리 일대, 산비탈을 깎아서 만든 골프장이 빤히 보인다.

화도, 꽃피는 작은 섬

용당돈대에서 나와 남쪽 화도돈대*로 이어지는 길을 따르자면 서쪽으로 넓은 들녘이 펼쳐진다. 아마도 고려시대 이전, 외성을 쌓기 전까지 이 일대의 논은 바닷물이 드나들었던 갯벌과 갯골이었을 터, 대부분의 강화도 해안평야가 그렇듯이 돈대에서 돈대로 이어지는 외성이 방조제의 역할을 했고, 그로 말미암아 돈대에서 근무하던 군인들의 농토로 쓸 수 있는 간척지를 얻은 셈이다.

86

꽃피는 작은 섬, 화도에 자리한 화도돈대.

용당돈대에서 화도돈대까지는 1.2킬로미터. 천천히 걸어도 20분이면 닿을 거리다. 자전거도로를 따라서 가도 좋고, 마음대로 드나들 수 있는 염하쪽 해안선, 논둑길을 걸어도 좋다. 여느 돈대와는 달리 장방형으로 터만 남아 있는 화도돈대는 규모도 작은 편이고, 해안순환도로에 바로 붙어 있어서 별도의 주차장이 없다. 아마도 이 돈대는 이름 그대로 꽃피는 작은 섬, 화도花島에 자리하면서 염하와 이어지는 삼동암천 드나드는 배 단속이 주목적이었을 법도 하다.

지나치기 쉬운 강화전성

화도돈대에서 다리 건너 서쪽 갈림길은 불은면 고능리로 이어지고, 오두돈대는 계속 해안순환도

*화도돈대

병자호란 후 강화도 해안지역의 방어를 튼튼히 하기 위하여 해안선을 따라 축조한 강화 53돈대 중 하나로 강화외성과 연결되어 있으나 현재 주변의 외성은 소실되었다. 동쪽으로 나 있는 수구(水口) 옆에는 강화유수 한용탁(韓用鐸)이 1803년 세운 '화도수문 개축기사비(花島水門改築記事碑)'가 있다. 성벽 터로 볼 때 평면은 사각형이었던 것으로 추측되고, 북쪽에 무너진 성벽의 석재들이 약간 남은 것을 제외하면 성벽의 터만 남아 있을 뿐 완전히 소실되었다. 강화군이 소유·관리하고 있으며, 1999년 인천광역시문화재자료 제17호로 지정되었다.

로를 따라 1킬로미터, 걸어서 15분이면 닿는다. 자라머리처럼 염하 쪽으로 튀어나왔다고 해서 붙은 이름이 '자라 오鰲', '머리 두頭', 오두돈대*다. 부근에 버스 정류장이 있으며, 돈대 아래 길가에는 화장실까지 갖춘 널찍한 주차장이 있다. 평지에 있는 좌강돈대나 화도돈대와는 달리 오두돈대는 여기서 70~80미터쯤 올라간 언덕 위에 있다.

오두돈대를 둘러본 후 남쪽 산등성이를 따라 200미터쯤 내려가면 느티나무 고목이 몇 그루 줄지어 선 곳에 이르는데 바로 그 아래 강화 '전성博城' 흔적이 있다. 대부분 오두돈대만 올랐다가 그냥 내려가는데, 천천히 여유를 갖고 살피지 않을 경우 강화 전성을 놓치고 지나치기 쉽다.

축성연대는 확실하지 않으나 고려 고종 때 흙으로 쌓은 토성土城으로, 강화의 내성·중성·외성 가운데 강화 동쪽 해협을 따라 축성한 길이 11,232미터의 외성에 속했던 것으로 알려져 있다. 조선 영조 때 비가 오면 성의 흙이 빗물에 무너져 내렸는데, 청나라에서 번벽법을 보고 온 당시의 강화유수 김시혁이 건의하여 1743년영조 19부터 이듬해까지 전돌로 개축했다. 김시혁은 그 공으로 1744년 한성부 판윤判尹이 되었다. 현재는 영조 때 쌓았다는 까만색 벽돌이 200미터 가량 부분적으로 남아 있는데, 길 쪽에서는 보이지 않고 해안선 쪽으로 내려서야 볼 수 있다. 더러 느티나무 뿌리가 내리면서 벽돌이 흩어진 부분도 눈에 띈다. 강화 전성 근처에는 '오두정'이라는 정자도 있었다고 하나 지금은 자취를 찾아볼 수 없다.

*오두돈대

화도돈대·광성돈대와 함께 1658년(효종 9년)에 설치되었으며, 1976년에 복원되었다. 자라머리처럼 튀어나온 해안 지형에 설치한 원형의 방어요새다. 화도돈대·광성돈대와 함께 강화의 7보 5진 중 하나인 광성보(廣城堡) 관리 하에 감시소와 방어진지로서의 역할을 맡았다. 북쪽으로 700보 거리에 화도돈대가 있다.

◆아슬아슬하게 흔적만 남은 오두리 강화전성은 자세히 보지 않으면 모르고 지나치기 쉽다.

광성보 안해루.

345명이 전사하고 무참히 깨진 광성보

오두돈대에서 광성보 갈림길까지는 2.53킬로미터, 걸어서 40분쯤 걸린다. 중간에 '터진개'라는 특이한 이름의 마을을 지나며, 길 서쪽 산기슭에 있는 마을은 '넙성리', 일명 '넙세이'다. 강화 지명유래에 따르면 강화로 천도한 고려 고종 이전에 이미 이 일대에 목초가 무성해서 말 목장이 있었으며, 주변 경작지에 피해를 주지 않기 위해서 쌓은 마성馬城이 있었다고 전한다.

사적 제227호인 광성보는 원래 고려시대 강화외성의 일부였으며, 조선시대부터 강화해협을 지키는 요새로, 강화 12진보鎭堡의 하나다. 조선 광해군 때 허물어진 데를 고쳐 쌓았으며, 1658년효종 9에 강화유수 서원이 광성보를 설치했고, 숙종 때1679에 이르러 완전한 석성石城으로 축조했다.

광성보는 1871년 신미양요 때 가장 치열했던 격전지였다. 1866년 프랑스 함대의 침입에 이어 5년 후, 이른바 '포함 외교'를 명분으로 미국 아시아함대는 수백 명의 해병대원을 초지진에 상륙시켜서 단숨에 제압했으며, 여세를 몰아 덕진진을 함락시켰고, 광성보에서 항전하던 조선군을 전멸시켰다. 상황이 종료되기까지는 불과 이틀, 미국 해병대는 어린 아이 손목 비틀 듯 너무도 손쉽게 조선군을 제압했다.

당시 파괴된 문루와 돈대를 1976년에 복원하였으며, 전사한 무명용사들의 무덤과 어재연魚在淵 장군의 전적비 등을 보수·정비했다.

광성보 입구 삼거리 갈림길에서 왼쪽 길을 택해 300미터 더 가면 매표소에 이른다. 부근에는 주차장과 화장실, 매점이 있다. 광성보는 광성돈대, 용두돈대, 손돌돈대, 광성포대를 포함하며, 돌아보는 데 한 시간 남짓 걸릴 정도로 넓은 지역에 걸쳐서 자리 잡고 있다. 먼저 광성돈대와 바로 옆에 있는 '안해루按海樓' 지나서 소나무 숲길을 따라 5분쯤 가면 '신미양요순국무명용사비'와 어재연, 어재순 두 형제 장군을 기리는 '쌍충비각'에 이른다. 광성보에서는 이 일대의 길이 가장 아름다운데, 한 가지 안타까운 것은 소나무 뿌리가 다 드러나 있다는 점이다. 이 길은 1977년 당시 대통령이 온다고 해서 군인들을 동원해 하루 만에 조성했다는 전설적인 이야기가 전해져 내려오는 곳이기도 하다.

비각에서 50미터쯤 떨어진 곳에는 1871년 미국 해병대와 싸우다 전사한 조선군 묘지, 이른바 '신미순의총辛未殉義塚*'이 있어 지나는 이들의 걸음을 멈추게 한다. 당시 전사자는 어재연 장군 등 군관 49명과 군인 296명. 이들을 모신 크고 작은 봉분 일곱 개가 아늑한 서향 비탈에 자리하고 있으며, 주변은 단풍나무와 소나무가 숲을 이루고 있어 제법 비장한 정취를 자아낸다.

*신미순의총

쌍충비각 맞은편 서향 산자락에 있다. 1871년(고종 8) 4월 23일 광성진에서 벌어졌던 미국 해병대와의 싸움에서 장렬하게 전사한 용사들의 무덤이다. 당시 군사를 이끌던 어재연 장군과 동생 재순, 군관, 사졸 등 53명의 전사자 중 어재연 형제는 충청북도 음성군 대소면 성본리에 안장하고 신원을 알 수 없는 나머지 51명의 시신은 7기의 분묘에 나누어 합장해 그 순절을 기리고 있다. 이들 대부분은 호랑이를 사냥하던 포수 출신들로서 용맹이 뛰어났다고 한다.

136년 만에 돌아온 어재연 장군의 '수帥'자 기

신미양요 당시 광성보 일대를 초토화시킨 미국은 어재연 장군의 '수帥'자 기를 전리품으로 챙겼는데, 136년 간 애나폴리스 미 해군사관학교 박물관에 있던 이 비운의 깃발이 뜻있는 몇 사람의 노력으로 한국에 돌아온 것은 지난 2007년 10월의 일. 매년 음력 4월 24일 지내는 광성제 당시 쌍충비각 앞에 어재연 장군의 이 깃발이 게양된 적이 있다. 그러나 깃발을 아주 돌려받은 것은 아니고 10년 장기 임대라고 하니, 되돌릴 수 없는 냉엄한 역사의 수레바퀴 아래서 과연 이 땅의 누구인들 자유로울 수 있을까. 마침 강화군에서는 광성보에 어재연 장군의 동상을 건립한다고니, 그의 애국충정이 만세에 빛나리라.

'신미순의총' 지나 길은 손돌돈대*로 이어진다. 광성보에서 가장 높은 곳에 있는 이 돈대는 신미양요 때 미국 해병대의 집중 공격을 받았으며, 어재연 장군도 최후까지 싸우다 바로 여기서 전사했다. 손돌돈대 아래로는 휴게소가 있고, 여기서 용두돈대와 광성포대 가는 길이 갈라진다. 마치 용머리처럼 염하 쪽으로 뻗어나간 용두돈대는 포대까지의 통로 양쪽에 성벽과 성가퀴를 쌓은 점이 특징이다. 용두돈대는 원래 규모가 작아서 광성보의 일개 포대에 지나지 않지만 후세에 돈대로 격상되었다. 1977년 광성보와 더불어 복원된 용두돈대에는 당시의 대포와 '강화전적지정화사업기념비'가 있다.

용두돈대에서 남쪽으로 시선을 돌리면 바로 염하 건너 언덕 위에 '손돌묘'가 보인다. 용두돈대와 손돌묘 사이의 염하는 물살이 유난히 세고 썰물 때 암초가 드러나서 배가 지나다니기 힘든 일명 '손돌목'이라 불리는 곳이다. '손돌목'은 임금을 배에 태우고 이곳을 건너던 손돌이라는 뱃사공이 억울하게 죽음을 당했다는 전설의 현장이기도 하다.

광성보 남쪽 산허리로는 초록색 철제 울타리가 길을 막고 있어 다시 안해루 쪽으로 돌아서 나와야 한다. 해안선을 따라서 덕진진으로 잇는 길을 내면 좋으련만 어쩔 수 없이 광성포대에서 발길을 돌려야 한다. 들어올 때와는 달리 쌍충비각에서 염하 쪽으로 내려가는 언덕길을 따르면 자연스럽게 안해루로 이어진다. 안해루 앞에는 보기 드물게 높이 자란 살구나무 한 그루가 길손을 반긴다.

손돌돈대. 1871년 어재연 장군 이하 조선군 3백여 명이 미국 해병대의 공격으로 전멸당한 현장이다.

광성보 입구 삼거리까지 길을 되짚어 나가서 해안 순환도로 따라 덕진진 입구까지는 1.7킬로미터, 25분쯤 걸린다. 사거리에서 왼쪽이 덕진진으로 들어가는 길이다. 차도 따라서 걷는 게 싫으면 광성보 입구 삼거리에서 450미터 쯤 길을 따르다 염하 쪽으로 나가서 바닷가 논둑길을 걷는 방법도 있다.

미국 함대와 치열한 포격전 벌였던 덕진진

효종 9년1658에 설치한 덕진진은 숙종 5년1679 덕진돈대와 남장포대, 덕진포대를 갖췄으며, 1871년 신미양요 당시 미국 함대와 포격전이 치열하게 벌어졌던 곳이다. 김포 쪽 덕포진 포대와 더불어 염하를 지나는 함선에 협공을 가할 수 있는 강화 제1의 포대를 갖춘 곳이 바로 덕진진이다.

*손돌돈대

1679년(숙종 5)에 축조하였는데, 좌강돈대나 용당, 오두돈대와 마찬가지로 원형 요새다. 1866년 병인양요와 1871년 신미양요 때 프랑스, 미국 함대와 치열한 전투가 있었던 곳으로서, 1977년 강화 중요 국방유적 복원정화사업으로 파괴되었던 성벽을 복원했다. 돈대 입구에는 서해안 지역의 북한계선 식물인 탱자나무가 자라고 있다.

손돌돈대에서 동쪽으로 내려다 보이는 곳에 용두돈대가 있는데, 그 앞의 염하를 뱃사공 손돌이 왕의 오해로 억울하게 죽은 곳이라 하여 손돌목이라고 한다. 염하 건너편 동남쪽이 덕포진이며, 덕포진 북쪽 끝자락 언덕 위에 손돌의 묘가 있다.

덕진진이 보유한 비장의 카드, 남장포대. 염하 건너 덕포진 포대와 양쪽에서 협공할 수 있는 위치다.

남장포대는 공조루控潮樓 지나서 150미터쯤 떨어진 후미진 곳에 있는데, 대략 100미터에 걸쳐서 15개의 포대가 설치된 이곳을 지나면 덕진돈대에 이른다. 남장포대는 덕진돈대에 가려서 남쪽에서 염하 따라 거슬러 올라오는 적선이 발견할 수 없는 움푹 들어간 지형에 있기 때문에 이를테면 덕진진*이 보유한 비장의 카드인 셈이다.

그러나 문제는 조선군의 포탄이었다. 당시의 포탄은 쇠뭉치에 불과한 것으로 현대의 포탄처럼 폭발하는 것이 아니었으며, 따라서 작은 목선이라면 몰라도 미국의 3천 톤급 철선에 별다른 피해를 줄 수 없었다. 게다가 우수한 소총과 대포로 무장하고 남북전쟁을 통해서 실전 경험이 풍부한 해병 10개 중대 1,230명을 동원한 상륙전 앞에서는 속수무책. 초지진부터 차례로 함락당하는 비운을 겪은 것이다.

덕진돈대 아래쪽으로 내려가면 '해문방수타국선신물과海門防水他國船愼勿過'라고 새겨진 비석 하나가 염하를 내려다보며 꼿꼿하게 서 있다. '해문海門'이란 바다와 통하는 염하를 말하며, '이 물길로 다른 나라의 배가 지나다니지 못하게 막겠다'고 선언한 흥선대원군의 '바다의 척화비'다. 1867년에 세웠으니

덕진돈대(왼쪽)와 그 아래 쪽에서 염하를 내려다보고 있는 흥선대원군의 '바다의 척화비'(오른쪽).

벌써 142년째 그 자리를 지키고 있는데, 한국전쟁 이후 한강 하구가 휴전선으로 막히면서 반세기 넘게 뱃길이 끊어진 지금까지도 자의 반 타의 반 비석의 글은 유효한 셈이다.

초지돈대 성벽에 남은 포탄 자국

지난 2002년 초지대교가 생기면서 번잡스러워진 초지진 일대 해안순환도로는 늘 교통량이 많은 편이다. 될 수 있으면 이 길을 피해서 가는 것이 낫다. 덕진진 입구 사거리에서 남쪽으로 500미터 가면 덕진교 다리를 건넌다. 여기서 염하 쪽 논길을 따라 400미터쯤 내려가면 멀리 초지대교를 바라보면서 해안선과 나란히 이어지는 방조제 위로 걸어갈 수 있다. 중간에 뱀장어 양식장 지나 초지진 선착장까지는 1킬로미터 남짓, 15분쯤 걸린다. 여기

*덕진진

사적 제226호. 강화 12진보(鎭堡)의 하나이며, 김포의 덕포진과 더불어 염하의 관문을 지키는 강화도 제1의 포대였다. 1866년 병인양요 때는 양헌수(梁憲洙)의 부대가 어둠을 타서 이 진을 거쳐 삼랑성(三郞城, 일명 정족산성)으로 들어가 프랑스군을 격파했고, 1871년 신미양요 때는 미국 극동함대와 이곳에서 치열한 포격전을 벌였다. 이때 성첩(城堞)과 문루가 모두 파괴되고, 문루터만 남게 되었다. 1976년에 문루를 다시 세우고, 돈대를 보수했으며, 남장 포대도 개축했다.

초지돈대 성벽에는 지나간 시절 격전으로 포탄에 맞아서 패인 흔적이 고스란히 남아 있다.

서 다시 해안선 따라서 초지진까지는 불과 5분 거리다.

일찍이 염하의 초입으로 중시되었던 초지진*은 효종 7년1656에 설치된 이래, 숙종 5년1679에 축조한 초지돈대, 장자평돈대, 섬암돈대가 초지진 관할에 들어갔다. 병인, 신미양요를 치르고 난 후 고종 11년1874 6문의 포가 설치된 황산포대와 12문의 포가 설치된 진남포대가 초지진에 추가되기도 했다. 1875년 일본 군함 운양호와 포격전을 치르기도 했던 초지돈대는 근 백여 년 가까이 무너진 채 방치되다가 1973년 강화전적지 복원사업이 시행되면서 가장 먼저 복원됐다. 그러나 초지돈대 성벽에는 지나간 시절 격전의 흔적으로 포탄에 맞아서 패인 흔적과 포탄 맞은 노송 두 그루가 그 상흔을 고스란히 간직한 채 '역사의 교훈'을 전하고 있다.

초지진 앞 염하는 조금 때 바닥의 기반암이 드러날 정도로 물이 빠지는 광경이 인상적이다. 밀물 때도 수면 위로 튀어나온 암초 지대에는 등대가 설치돼 있는데, 특히 염하 건너편 대명항 야경이나, 초지대교를 배경으로 한 야경이 아름답다.

*초지진

1971년 사적 제225호로 지정되었으며, 면적은 4,233m²이다. 초지진은 모두 허물어져 돈(墩)의 터와 성의 기초만 남아 있었던 것을 1973년 초지돈대만 복원했다. 돈에는 3곳의 포좌(砲座)와 총좌(銃座)가 100여 곳에 있다. 성은 높이 4m 정도에 장축이 100m쯤 되는 타원형이다. 돈대 안에는 조선 말기의 대포 1문이 포각 속에 전시되어 있다. 포각은 정면 3칸, 측면 1칸의 맞배집 홍살로 되어 있으며, 대포의 길이는 2.32m, 입지름 40cm이다.

강화 고인돌 대부분이 이 길에 있다

4천여 년 전 거석문화의 현장으로

지난 2000년 11월 세계문화유산으로 지정된
강화의 고인돌 대부분을 거치는 코스다. 흔히 알려진
강화지석묘공원의 큰 고인돌 외에 부근리 점골 고인돌,
삼거리 고인돌군, 고천리 고인돌군, 신삼리 고인돌까지
둘러볼 수 있는 이 길은 해발 350미터, 고려산 능선까지
올라갔다 오는 산행을 겸한다. 따라서 체력과 인내력은
물론이고, 등산화와 배낭, 식수, 간식 등 기본적인 산행
준비가 필요한 코스이기도 하다. 아직 정확한 고증은
없지만 삼거리저수지에서 가까운 연개소문 집터는
지석묘 공원 입구에 세워진 '연개소문 유적비'와
더불어 한때 당나라에 맞서 고구려를 이끌었던 영웅의
발자취를 더듬어볼 수 있는 좋은 기회가 된다.

남한에서 가장 규모가 큰 고인돌로 알려져 있는 강화지석묘.

05 세계문화유산 고인돌길
13.14km, 5시간 10분

1. 강화 지석묘 ~ 부근리 점골 고인돌(1.44km)
강화지석묘에서 48번 국도 따라서 서쪽으로 600m 가다 남문석재 못 미쳐서 길 왼쪽 논 한가운데 봉가지가 있다. 국도에서 이어지는 농로 따라 140m 내려서면 바로 비석과 안내판이 서 있다. 봉가지에서 300m쯤 논둑길 따라 소나무 숲이 멋진 야트막한 언덕을 지나면 포장도로에 올라선다. 여기서 부근리 점골 고인돌까지는 400m 거리다. 큰길에서 점골로 30m 올라간 곳, 밭 가장자리에 고인돌이 있다.

2. 부근리 점골 고인돌 ~ 연개소문 집터(0.9km)
❶ 부근리 점골 고인돌 바로 뒷산이 시루메산이다. 고인돌에서 마을길 따라서 600m 가면 마지막 집이 나온다. 여기서 비포장길을 200m 올라가면 ❷ 삼거리저수지 제방 왼쪽에 올라선다. ❸ 연개소문 집터는 제방에서 시루메산 쪽에서 흘러내리는 실개울 따라 100m쯤 올라간 곳에 있다. 실개울 들머리에도 집터가 있지만 시멘트와 벽돌로 쌓은 굴뚝 흔적을 보아서는 그리 오래된 것은 아니다. 묘지 올라가는 길 왼쪽으로 나무를 어지럽게 휘감은 넝쿨이 울창한 곳 일대가 바로 연개소문이 어린 시절을 보냈다는 집터다. 무너져가는 석축과 샘터 흔적이 눈에 띄기도 하는데 유심히 보지 않으면 그냥 지나치기 쉽다. 연개소문 집터에서는 부근리 점골 고인돌까지 길을 되짚어 나온다.

3. 연개소문 집터 ~ 삼거리 주차장(3km)
연개소문 집터에서 부근리 점골 고인돌까지 0.9km 내려온 후 길 따라 서쪽으로 1km 가면 소동 지나 ❹ 천촌 버스정류소에 이른다. 여기서 마을길 따라 남쪽으로 300m 들어가면 왼쪽으로 삼거1리 복지회관과 삼광교회가 나온다. 100m 더 가면 2~3층 높이로 걸린 관개수로 아래를 지나고 다시 100m 가면 갈림길에 이른다. 오른쪽 길을 택해서 300m 가면 왼쪽으로 집 한 채와 더불어 멋지게 가지를 드리운 느티나무와 소나무가 보인다. 느티나무 아래 있는 고인돌 두 기가 바로 ❺ 샘골 느티나무 고인돌이다. ❻ 주차장은 여기서 200m 더 올라간다. 주차장은 승용차 10대쯤 댈 수 있는 규모지만, 화장실이 없는 것이 흠이다.

4. 삼거리 주차장 ~ 삼거리 고인돌군(1.7km)
주차장 위로는 차량통행금지 안내판이 있으며, 차단기가 길을 막고 있다. 비포장길이 100m쯤 이어지다가 다시 250m 쯤 콘크리트 포장길이다. 갈림길에는 어김없이 고인돌 안내판이 서 있어 길 잃을 염려가 없다. 300m쯤 계단길이 이어지는데 왼쪽으로 첫 번째 고인돌군이 나타난다. 계단 끝에는 고인돌 능선이 있다. ❼ 삼거리 고인돌군은 능선 위쪽 170m, 아래쪽 30m 구역 내에 고인돌 9기가 모여 있는 곳이다.

5. 삼거리 고인돌군 ~ 고천리 고인돌군(1.6km)
삼거리 고인돌군에서 고려산 쪽으로 이어지는 능선 따라서 300m쯤 가면 마지막 고인돌 두 기가 있다. 여기서 경사가 급해지면서 능선은 동쪽으로 휘어진다. 완만한 능선길을 따라 700m쯤 가면 고려산 정상에서 흘러내린 능선길과 만난다. 여기서 내리막길 따라 100m 더 가면 내가면 고천리로 내려가는 갈림길에 이른다. 첫 번째 ❽ 고천리 고인돌군은 계속 능선길 따라서 100m 더 간다. 두 번째 고천리 고인돌군은 능선길을 400m쯤 더 가서 해발 250m 되는 곳에 있다.

6. 고천리 고인돌군 ~ 신삼리 고인돌(4.5km)
고천리 고인돌군에서 삼거리 주차장 거쳐 천촌 버스정류소까지 4.3km 구간을 되짚어 내려온다. 천촌 버스정류소에서 서쪽으로 길 따라 200m쯤 가면 오른쪽 논 가장자리에 보이는 커다란 고인돌이 바로 ❾ 신삼리 고인돌이다.

① 부근리 점골 고인돌
천촌 버스정류소 ④
③ 연개소문 집터
② 삼거리 저수지
⑨ 신삼리 고인돌
⑤ 샘골 느티나무 고인돌
시루메산
⑥ 주차장
하점 저수지
⑦ 삼거리 고인돌군
고려산
낙조봉
⑧ 고천리 고인돌군

여행정보

ⓟ 차를 가져갈 경우 천촌 버스정류소 부근에 승용차 여러 대 주차할 만한 공간이 있다.

ⓑ 대중교통을 이용한다면 부근리 점골 고인돌부터 시작한다.
강화시외버스터미널에서 외포리행 시내버스를 타면 된다.

ⓘ 부근리 점골 고인돌이나 삼거리 샘골 일대에서는 매점, 음식점 등을 찾아보기 힘들다. 식수와 간식, 도시락 등을 준비하는 것이 좋다. 특히 고천리 고인돌군 답사는 산행을 겸하기 때문에 등산화와 배낭, 행동식과 식수, 도시락을 꼭 챙겨야 한다.

부근리 점골 고인돌. 비록 세월을 이기지 못하고 넘어졌지만 수천 년 동안 한 자리를 지키고 있다.

고인돌은 고조선시대의 유물이다

차를 타고서는 수백 번 지나쳐도 모른다. 바로 길가에서 20미터도 채 떨어져 있지 않은 밭 가장자리에 고인돌이 있다는 사실을. 차가 달리는 속도만큼이나 사람들의 시야는 좁아지고, 오로지 목적지를 향해 앞으로만 가는 기계 덕분에 한가롭게 여기저기 주변을 살필 수 있는 여유는 잃어버린 지 오래다. 48번 국도 옆에 자리하면서 널찍한 공원 한가운데 있는 '지석묘* 같은 고인돌을 기대했다면 부근리 점골 고인돌은 단지 실망으로 다가올 뿐이다. 그저 4~5미터 길이의 네모반듯한 철제 울타리 안에 쓰러진 굄돌을 깔고 앉은 육중한 덮개돌인데, 안내판이 없다면 밭에 있는 그 커다란 바위가 과연 고인돌인지 전혀 알 수 없는 노릇이다.

부근리 점골 고인돌은 덮개돌과 네 개의 굄돌이 남아 있는 전형적인 탁자식, 또는 북방식 고인돌**이다. 덮개돌은 장축 428센티미터, 단축 370센티미터, 두께 65센티미터의 타원형이고 전체 높이는 1.8미터이다.

오랜 세월, 덮개돌의 무게를 견디지 못한 두 개의 굄돌이 한쪽 방향으로 비스듬히 쓰러져 버렸고, 막음돌 두 개 역시 넘어가 버렸지만 그래도 수천 년 동안 한 자리를 지키고 꿋꿋하게 버텨 냈으니, 그 옛날 이곳에 고인돌을 세운 이들의 목적은 충분히 달성되고도 남은 것이다.

고려산 시루봉 북쪽 자락에 있는 이 고인돌에서 보면 앞쪽으로 넓은 들녘이 펼쳐져 있고, 별립산과 봉천산, 봉가지奉哥池가 있는 안정마을, 지석묘공원 일대가 한눈에 들어온다. 한눈에 들어온다 함은 고인돌시대의 주인공들이 활동하던 시절, 이 일대는 하나의 생활권이자 세력권이라는 사실을 의미한다. 한반도에서 고인돌이 세워진 시기는 대략 기원전 2000년까지 거슬러 올라가며, 수렵과 채취 중심의 원시 경제에서 정착 농경 사회로 넘어가는 청동기시대와 거의 일치한다.

이는 지금으로부터 약 4천여 년 전, 소위 고조선시대의 일이니 실증사학자들이 판치던 시절에는 누구도 똑 부러지게 이야기할 입장이 못 됐다. 하물며 2006년에 나온 대한민국의 국사 교과서에서조차 "한반도에서는 기원 전 10세기 경에 청동기시대가 전개되었다. (중략) 삼국유사와 동국통감의 기록에 따르면 단군왕검이 고조선을 건국하였다고 한다"며 남의 일인 양 얼버무렸으니, 강화도를 포함해서 한반도 전역에 남아 있는 고인돌에 관해서 현재 이 땅에 살고 있는 사람들의 무지의 소치로 정말 면목 없는 일을 저지른 셈이 된다.

*강화지석묘

하점면 소재지로 향하는 도로변 북쪽으로 약간 떨어진 밭 가운데에 홀로 서 있는 고인돌이 강화지석묘이다. 중부지방에서는 보기 드문 거대한 탁자식(북방식) 고인돌이다. 북방식 고인돌의 구조는 4장의 굄돌로 직사각형 돌방〔石室〕을 구축하고 그 위에 뚜껑돌〔蓋石〕을 얹어 놓는 형식으로, 이 고인돌은 돌방의 짧은 변을 이루는 2장의 굄돌이 현재 남아 있지 않은데 과거에 파괴되어 없어진 것으로 추정된다. 강화지석묘는 화강암 계통의 석재를 사용하였으며, 남한에서는 가장 규모가 큰 고인돌로 알려져 있다.

**북방식과 남방식 고인돌

고인돌은 크게 나누어 지상에 4면을 판석으로 막아 묘실을 설치한 후 그 위에 상석을 올린 형식과, 지하에 묘실을 만들어 그 위에 상석을 놓고 돌을 괴는 형식으로 구분된다. 전자는 대체로 강화·인천·수원·이천을 연결하는 선을 한계로 그 북쪽 지역에 분포하고, 후자는 중부 이남 지방에서 다수를 차지하기 때문에 이들을 각각 북방식 고인돌, 남방식 고인돌이라고 한다.

그나마 다행스러운 일은 그간의 고고학적인 성과를 바탕으로 하여 2007년 판 국사교과서는 다음과 같이 BC 2333년에 건국하여 BC 108년에 멸망한 고조선이 우리 민족의 역사였음을 명백히 밝히고 있다는 것이다.

"신석기시대 말인 기원전 2000년 경에 중국의 요령, 러시아의 아무르강과 연해주 지역에서 들어온 떳띠새김무늬토기문화가 앞선 빗살무늬토기문화와 약 500년간 공존하다가 점차 청동기시대로 넘어간다. 고인돌도 이 무렵 나타나 한반도의 토착사회를 이루게 된다. (중략) 삼국유사와 동국통감의 기록에 따르면 단군 왕검이 고조선을 건국하였다(기원전 2333)."

고인돌시대와 단군왕검의 고조선시대가 일치한다는 사실은 두물머리 느티나무 아래 남아 있는 고인돌에 관한 탄소연대 측정으로 입증됐다. 놀랍게도 이 고인돌의 덮개돌 밑 15센티미터 되는 지하 무덤방에서 발견된 숯의 탄소연대 측정 결과 3900±200 B.P.MASCA계산법으로는 지금으로부터 4140~4240년 전 라는 절대 연대를 보인 것이다.

백두산을 중심으로 하여 이 땅에 처음으로 세워진 나라 고조선, 그리고 그 시대를 증거하는 고인돌이 강화에 남아 있음은 결코 우연이 아니다. 제정일치 시대인 그 당시부터 마니산은 단군 왕검이 풍백과 우사, 운사를 거느리고 천제를 올리는 곳으로 중시됐으며, 마니산을 바로 마주보고 있는 정족산에 삼랑성을 쌓음으로써 해상교통의 요지를 장악했던 것이니, 거석문화시대의 꽃인 고인돌은 이 모든 일들을 일목요연하게 정리하는 열쇠와도 같은 존재인 셈이다.

고조선시대의 팔조금법八條禁法과 더불어 고인돌과 고인돌에서 나온 껴묻거리들은 의외로 많은 것들을 이야기하고 있다. 첫째로는 수십 톤에 달하는 바위를 움직여야 했으니 당연히 대규모 노동력이 필요했을 테고, 강화 땅에도 이를 조직하고 움직이는 지배계급이 존재했다는 사실이다. 이 대목에서 4천여 년 전의 강화도가 한없이 자유롭고 평화로운 곳이었으리라는 상상은 여지없이 깨지고 만다.

또한 고인돌의 크기에 따라서 부족의 영역과 세력이 저울질 되니, 이미 그

역사 연구의 중요한 열쇠인 고인돌의 가치를 알고 이를 지키는 사람들이 더 많아졌으면 좋겠다.

당시부터 사회는 복잡해지기 시작한 것이다. 당연히 덮개돌이나 굄돌로 쓸만한 바위를 채석하는 전문가가 있었으며, 상당한 대우를 받았으리라는 사실도 짐작하기 어렵지 않다. 더구나 고인돌에서 나온 대롱옥 같은 장신구류는 옥 자체가 강화에서 나지 않는 것이었으니, 옥이 생산되는 지방과의 교역이 활발히 이루어졌을 거라는 추측도 가능하다.

연개소문은 고려산에서 심신을 단련했다

연개소문 집터*는 점골 고인돌에서 마을길 따라서 끝까지 들어간다. 삼거리저수지 둑에서 시루봉 남쪽 기슭으로 접어들어 산길을 따라 15분쯤 올라가면 오른쪽에 집터가 보인다. 뚜렷한 흔적은 남아 있지 않지만 주춧돌로 보이는 커다란 돌이 흙 속에

*연개소문 유적비와 집터
1993년 강화지석묘 공원 입구에 숭조회에서 세웠다. 연개소문의 집터는 현재 고려산 서남쪽 봉우리인 시루봉의 중턱에 있다. 집터는 고려산 바로 아래에 위치한 삼거리저수지에서 왼쪽 산길로 접어들면 바로 나온다. 주춧돌이 곳곳에 널려 있지만 아직 학계에서 정확한 고증은 나오지 않았다.

강화지석묘 공원 입구에 있는 연개소문 유적비.

묻혀 있는 걸 보더라도 집터는 분명한 셈이다. 강화도 사람들은 연개소문이
바로 여기서 자랐으며, 오정에서 말에게 물을 먹이고, 치마대에서 말을 타고
고려산 꼭대기까지 오르곤 했다는 전설 같은 이야기를 굳게 믿고 있다.

단재 신채호의 표현에 따르면 연개소문은 "고구려 9백 년 동안의 장상 대
신들뿐 아니라 고구려 9백 년 동안의 제왕도 가지지 못한 권력을 쥔 사람"이
었다. 물론 자신을 제거하려던 대신 100여 명과 함께 영류왕까지 죽이는 혁
명을 통해서 쟁취한 권력이었으며, 당나라의 침공을 방어하는 동시에 당태종
이세민을 사로잡은 후 당을 고구려의 속국으로 만들려고 시도한 웅대한 기
상을 품었던 영웅이었다. 원래 연개소문의 집안은 할아버지 '자유子遊' 때부터
병권을 장악한 막리지였으며, 아버지 '대조大祚' 역시 막리지로서 고구려 서부
지역을 다스린 인물이었다. 연개소문은 주위 사람들의 반대로 어렵게 아버지
의 자리를 이어받았는데, 고구려를 괴롭혀온 당나라를 없애버리겠다는 엄청
난 계획을 갖고 있었다. 중국에서 전해져 내려오는 '갓쉰동전'은 연개소문의
성장과 야망을 꿰뚫고 있어 관심을 끈다.

"연국혜라는 재상의 아들 갓쉰동은 15년 동안 부모의 곁을 떠나서 자라야

액을 면할 수 있다는 도사의 말대로 등에 '갓쉰동'이라는 이름을 새겨서 내보냈다. 갓쉰동은 원주 학성동에서 부족장인 유씨의 집에서 자랐다. 15년이 지나 장자의 세 딸 문희, 경희, 영희 중에 영희와 사랑하는 사이가 된다. 갓쉰동은 늘 자신의 나라를 침공하는 달딸국을 물리치기 위해서 이름을 돌쇠로 바꾸고 달딸국으로 들어갔으며, 달딸국왕의 가노家奴가 되어 왕의 신임을 받았다. 그런데 왕의 둘째 아들이 갓쉰동을 의심하여 제거하려고 했으나, 달딸왕의 공주의 도움으로 탈출했다. 달딸의 둘째 왕자가 공주의 목을 베었고, 갓쉰동은 고국에 돌아와 과거에 급제하여 영희와 결혼하고 달딸을 정벌하게 된다."

단재 신채호는 '개蓋'는 '갓'으로 읽고, '소문蘇文'은 '쉰'으로 읽어서 갓쉰동이 연개소문이라고 밝혔다. 또한 달딸국은 당나라, 달딸국왕은 당고조, 둘째 왕자는 당태종임을 들어서, 이미 어린 시절 당나라를 염탐하고 돌아온 연개소문의 비범함이 '갓쉰동전'에 여실히 드러나 있다고 풀이한다.

의문으로 남는 능선 마루금 고인돌

삼거리 고인돌군[*]은 천촌 버스정류장에서 마을길 따라 곧장 40분쯤 올라간다. 길 왼쪽으로 수백살쯤 된 느티나무와 소나무가 쌍을 이룬 채 가지를 드리운 풍경이 범상치 않아 보인다. 바로 그 느티나무 아래 고인돌 두 기가 있는데, 덮개돌만 드러나 있어서 고인돌이라기보다는 그저 앉아서 쉬기 좋은 바위로 보이거나 또는 치성 드리는 제단쯤으

***삼거리 고인돌군**

고려산 서쪽으로 뻗어내린 능선에 있는 북방식 고인돌 9기(基)이다. 한국 청동기시대의 대표적 무덤양식인 고인돌은 지석묘, 돌멘(dolmen)이라고도 하며 대체로 북방식·남방식·개석식 등 3종으로 분류한다. 삼거리 고인돌은 비스듬히 쓰러져 있으나 대부분 북방식 고인돌의 원형을 유지하고 있다.

뚜껑돌[蓋石] 위에는 직경 5cm 정도의 성혈로 보이는 구멍이 1.5cm 정도의 깊이로 여러 개 패어 있다. 또한 이 지역에서는 고인돌 축조과정을 밝히는 데 중요한 단서가 되는 채석(採石)을 한 흔적이 있는 채석장이 발견되기도 하여 학술적 가치가 크다. 1999년 인천광역시기념물 제45호로 지정되었다.

고려산 능선에 있는 고천리 고인돌군. 가장 높은 곳에 위치한 고인돌군이다.

로 보인다. 위치로 보면 두물머리 느티나무 아래 고인돌과 유사한데, 별자리를 새긴 성혈星穴은 보이지 않는다.

느티나무에서 5~6분쯤 길 따라 올라가면 주차장에 이르는데, 산으로 올라가는 길에는 자물쇠 채워진 차단기가 가로막고 있다. 차는 더 이상 못 올라가고 주차장에 세워 두어야 한다. 비포장길과 콘크리트 포장 도로가 번갈아 이어지며, 10분쯤 올라가면 길 왼쪽으로 고인돌이 보이기 시작한다. 그러나 본격적인 고인돌군은 나무계단 길 따라서 10분쯤 더 올라가야 볼 수 있다.

일단 능선 마루에 올라서면 왼쪽 보호철책 안에 있는 고인돌이 먼저 눈에 띈다. 이 능선 상에서 가장 큰 고인돌이기도 한데, 덮개돌을 자세히 들여다보면 희미하게나마 남아 있는 성혈을 볼 수 있다. 50~60미터 간격을 두고 북쪽으로 뻗어 내린 능선 마루금에도 고인돌 몇 기가 있지만 크기는 훨씬 작다. 고려산 정상에서 서쪽으로 뻗어 내리다가 북쪽으로 가지 쳐 나간 이 능선 상에는 모두 9기의 고인돌이 있는데, 보통 평야지대나 구릉지대에 있는 강화 고인돌과는 달리 해발 140미터나 되는 능선 마루금에 분포한다는 게 특징이다.

능선 상에 있는 삼거리 고인돌군은 산 아래서부터 돌을 가져다 세운 것이

두꺼비를 꼭 닮은 신삼리 고인돌.

아니라 가까운 곳에 채석장이 있어서 적당한 크기
의 돌을 쉽게 얻을 수 있었다. 고천리 고인돌군 역
시 주변을 살펴보면 더러 굄돌이나 덮개돌을 떼어
냈을 법한 바위 지대가 눈에 띈다. 그러나 그렇다
고 해도 왜 능선 마루금에 고인돌을 세운 것인지는
여전히 의문으로 남는다.

고려산 주능선 차지한 고천리 고인돌군

고천리 고인돌군*은 여기서 고려산 정상으로 이
어지는 능선길 따라서 계속 올라간다. 중간에 작
은 고인돌 두 개를 더 볼 수 있는데 여기서부터 경
사가 급해지면서 능선길 방향이 동쪽으로 휘어진
다. 20분쯤 가면 교통호 지나서 고려산 정상에서
내려오는 주능선 길과 만난다. 여기서 2~3분 능선
길을 따르면 고천리로 내려가는 갈림길에 이른다.

*고천리 고인돌군

고려산 정상에서 서쪽 봉우리
인 낙조봉 방향 해발고도 250m
~350m 지점 능선에 있다. 가장
높은 곳에 있는 고인돌군이며, 세
군데에 18기(基)가 무리지어 있
다. 내가면 고천리에 있는 북방
식 고인돌 1기는 완벽하게 원형
을 유지하고 있으나 그밖의 고인
돌은 대체로 자연적인 붕괴로 인
하여 원형이 많이 훼손된 상태다.
1999년 인천광역시기념물 제46
호로 지정되었다.

샘골 고인돌은 모르고 보면 그저 앉아서 쉬기 좋은 바위로 보인다.
이와 유사한 고인돌이 팔당호반 두물머리 느티나무 아래 있다.

고천리 고인돌군은 두 군데로 나뉘는데 모두 해발 250~300미터 사이 능선에 있다는 점이 특징이다. 삼거리 고인돌군보다 두 배나 더 높은 곳에 있는 셈인데, 유독 고려산 능선에 이렇게 많은 고인돌이 집중적으로 나타난다는 점이 수수께끼다.

고천리 고인돌군에서 능선길 따라 계속 서쪽으로 가면 낙조봉 지나 미꾸지고개에 내려선다. 물론 중간에 남쪽 적석사로 내려가는 길도 있다. 그러나 신삼리 고인돌을 보려면 삼거리 고인돌군과 주차장을 거쳐 천촌 버스정류장까지 1시간 가량 길을 되짚어 내려와야 한다.

천촌 버스정류장에서 3~4분 거리에 있는 신삼리 고인돌은 바로 길가 논 가장자리에 흡사 두꺼비처럼 버티고 있다. 해발 17미터쯤 되는 논에 굄돌이 쓰러지면서 흙더미 위에 비스듬히 얹혀 있는 덮개돌의 형상은 영락없는 두꺼비다. 어쨌든 신삼리 고인돌은 부근리나 삼거리 고인돌보다 큰 규모인데, 이것을 통해서 볼 때 청동기시대에 또 하나의 강력한 부족이 이 일대에서 세력을 이루며 활동했으리라는 추측이 가능하다.

강화역사박물관

세계문화유산인 강화지석묘가 위치한 하점면 부근리 고인돌공원 내에 지상 2층, 지하 1층의 규모로 건축된다. 2009년 말 완공 후, 2010년 상반기에 개관 예정이다. 강화역사박물관에는 상설전시실, 영상실, 어린이 역사체험실, 강당, 세미나실 등과 더불어 강화의 선사시대에서 현대에 이르기까지 강화의 역사를 한눈에 볼 수 있는 전시 공간이 마련된다.

주로 강화 선사시대의 풍요로운 자연환경과 고인돌을 중심으로 꾸며지고, 고려시대 전시실에는 남한 유일의 고려왕릉 발굴전경, 왕궁 재현 모형, 조선시대 전시실에는 어재연 장군 수자기를 비롯해 국난극복의 과정에서 강화군민이 보여주는 정신과 삶이 전시된다. 아울러 강화의 유일한 구석기 유물로 평가받는 동막 출토 주먹도끼와 세계문화유산인 오상리 고인돌군에서 출토된 석촉 및 고려 왕릉 발굴 당시 수습된 유물 등도 전시될 예정이다.

오색 연꽃 전설 신비로운 길을 가다

찬우물 약수터에 남은 사랑의 언약

고려산 주위로는 흑련, 백련, 적련, 청련, 황련
등 다섯 송이 연꽃을 의미하는 절집 다섯 개가 있다.
흑련사, 백련사, 적련사적석사, 청련사, 황련사가 바로
그 다섯 사찰이다. 이 절집들은 천축조사가 고려산
꼭대기 오련지에서 오색 연꽃을 날려서 떨어진 자리에
지은 것이라는 신비로운 전설을 간직하고 있다.
백련사와 오련지 거쳐 고려산 정상에서 남동쪽 길을
택하면 고려 23대 왕 고종이 잠든 홍릉에 내려선다.
충렬사 가는 길목에 있는 황련사는 혈구산 북쪽 기슭에
있으며, 그 동쪽 끝자락에 찬우물약수터가 있다. 혈구산
정상에서는 능선 따라 찬우물약수터까지 이어지는 길이
있다. 찬우물고개에서 동쪽으로 이어지는 산줄기에는
고려시대에 몽골의 침입에 대비해서 쌓은 강화중성이
있다. 걷기 좋은 길이 이 성 따라서 대문고개 거쳐
도감말까지 이어진다. 중간에 선원사지로 내려가는
길을 택해 선원사 절터를 둘러보고 선원면 소재지를
거치면 철종외가까지 잇는 고려산 오련지길이
완성된다.

고려산에 깃든 다섯 절집의 전설을 담고 있는 오련지.

06 고려산 오련지(伍蓮池)길
13.34km, 4시간 20분

1. 청련사 ~ 백련사(1.04km)
❶ 청련사 요사채 아래쪽으로 백련사 넘어가는 등산로로 가 있다. 160m쯤 오르면 능선 마루에 선다. 여기서 계속 능선을 타고 오르면 고려산 정상에 이른다. 백련사 가는 길은 능선을 넘어서 산허리를 타고 480m쯤 이어진다. 또 하나의 능선 마루에 서면 백련사 진입로가 바로 내려다보인다. 100m쯤 내려가면 아스팔트 도로가 나오고 길 따라서 백련사 주차장까지는 300m 거리다.

2. 백련사 ~ 고려산 정상(0.85km)
❷ 백련사에서는 경내를 거치지 않고 바로 고려산 정상으로 향하는 등산로가 나있다. 600m쯤 올라가면 ❸ 오련지에 이르고 여기서 포장도로 따라 250m 더 가면 ❹ 고려산 정상이다.

3. 고려산 정상 ~ 고려고종 홍릉(0.6km)
고려산에서 ❺ 고려고종 홍릉으로 내려가려면 남동쪽 하산로를 택한다. 남쪽은 고비고개로 내려서는 길이며, 서쪽 능선은 청련사로 내려가는 길이다. 정상에서 홍릉까지는 600m 거리다.

4. 고려고종 홍릉 ~ 황련사(3.15km)
홍릉에서 국화리 청소년야영장 거쳐 큰길까지는 900m다. 여기서 강화성산예수마을 거쳐 황련사 입구까지 1.75km, ❻ 황련사는 500m 더 들어가야 한다.

5. 황련사 ~ 찬우물약수터(2.82km)
황련사에서 길을 되짚어나와 1.12km 더 가면 ❼ 충렬사에 이른다. 충렬사 앞 갈림길에서는 선행리 방향으로 길을 잡아 600m쯤 가면 야트막한 고개를 하나 넘는다. 제일방재 지나서 100m 더 간 후 오른쪽으로 갈라지는 길이 찬우물약수터 가는 지름길이다. 이 길로 500m 가면 ❽ 찬우물약수터에 이른다.

6. 찬우물약수터 ~ 선원사지(2.5km)
찬우물약수터에서 큰길로 나와 ❾ 찬우물고개까지 200m 가면 고개마루 동쪽 인도 옆에 가파른 경사면을 따라 설치된 철제 계단에 이른다. ❿ 강화 중성으로 올라서는 계단이다. 산능선으로 이어지는 중성 따라서 800m쯤 가면 ⓫ 대문고개에 내려선다. 이 고갯길이 나면서 강화 중성이 끊어졌는데 계속 이어지는 길은 고갯마루에서 북쪽으로 70~80m쯤 내려간 곳에 있다. 다시 능선에 올라서 소나무 숲길 따라 1km쯤 가면 갈림길에 이른다. 선원사지는 두 길 모두 버리고 오른쪽(남쪽) 묘지로 내려서는 비탈을 택한다. 주위로 소나무가 없고 양지 바른 사면에 봉분 네 개가 있어서 쉽게 찾을 수 있다. 묘지 아래로는 길이 잘 나 있으며 10분쯤 내려가면 ⓬ 선원사지에 이른다.

7. 선원사지 ~ 철종 외가(2.38km)
선원사지를 둘러보고 선원면소재지까지 1.25km는 산기슭과 밭 사이로 이어지는 신지동 마을길로 간다. 선원면우체국 앞길에서는 선원치안센터로 이어지는 길을 택해 630m 가면 왼쪽으로 천주교 냉정리 공소와 철종 외가 들어가는 갈림길에 이른다. 수부촌 버스 정류소가 있는 갈림길에는 파주염씨 시조 신도비가 서 있다. ⓭ 철종 외가는 여기서 500m 더 간다.

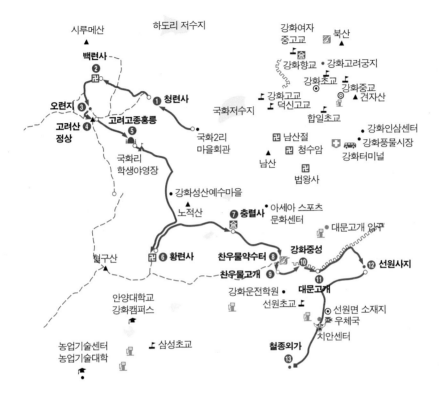

여행정보

Ⓟ 차를 가져갈 경우 강화풍물시장에 두는 것이 좋다.

Ⓑ 대중교통을 이용한다면 청련사 입구 버스정류소부터 시작한다.
강화시외버스터미널에서 청련사 입구 지나는 내가행 시내버스를 탄다. 하루
7회(첫차 06:55, 막차 20:40) 다닌다. 철종 외가를 둘러보고 난 뒤 강화읍으로
나가는 시내버스를 타려면 길을 되짚어 나온다. 선원면 소재지에서도 강화읍 나가는
시내버스를 탈 수 있다.

ⓘ 선원면 소재지 이외에는 걷는 길 중간에서 상점, 음식점 등을 찾아보기 힘들다. 특히
청련사와 백련사, 고려산, 고려 고종 홍릉을 거치는 코스는 산행을 겸하기 때문에
등산화와 배낭, 행동식과 식수, 도시락을 꼭 챙겨야 한다.

절 속의 절 원통암 간직한 청련사

고려산 북쪽 중턱에 있는 청련사* 대웅전은 '큰법당'이라고 한글로 쓴 현판이 눈길을 끈다. 400년쯤 되는 느티나무와 은행나무 몇 그루가 이 절의 역사를 일러주는데, 법당과 요사채 건물은 그리 오래 된 것이 아니다. 그러나 요사채 위쪽으로 돌담에 둘러싸인 또 하나의 숨은 절집, 원통암이 있어 비로소 청련사는 고찰로서의 품격을 유지한다. 한 가지 아쉬운 점은 원통암이 일반인들의 출입이 금지된 구역이라서 그저 먼 발치에서 바라보는 것으로 만족해야 한다는 것이다.

백련사** 가는 길은 청련사 요사채 아래쪽으로 내려가서 능선으로 올라서는 산길로 시작된다. 산허리를 타고 이어지는 길이 호젓하기 그지없는데 계곡을 지나서 다시 능선 하나를 더 타면 갈림길에 이른다. 왼쪽은 고려산 정상으로 향하는 길이고, 오른쪽 내리막길을 택해야 백련사로 이어지는 아스팔트 길로 내려선다. 백련사는 절집의 배치가 오밀조밀한 데다 일반 가정집 같은

116

'ㅁ'자형 요사채가 특징이다. 백련사에서는 고려산 정상으로 등산로가 이어지는데 오련지에 이르기 전 능선길에서는 봄철 온통 진달래로 뒤덮이는 고려산 북쪽 산록이 한눈에 들어온다.

고려산은 혈구산, 퇴모산과 더불어 진달래 꽃길에서 꽃길로, 산길에서 산길로, 봉우리에서 봉우리로 이어지다가 어디만치 가서 잦아드는 듯하다 싶으면 다시금 꽃에서 꽃으로 이어진다.

*청련사
비구니 사찰로서 상·하 두 절집으로 나뉘는데, 윗절은 원통암이라 하며 속칭 국정절이라고도 한다. 조선 순조 21년(1821)에 비구니 표겸이 중수했다는 기록이 있다. 1909년 신선혜, 이근훈 등이 신산각을 신축했고, 1936년에 주지 황정현이 중수 했다. 청련사에는 목제도금인 아미타불과 토제 도분한 나반존자와 독성정, 십왕, 감로, 7성, 상신 등이 있다.

수도권 최고의 진달래 명산

원래부터 고려산은 진달래가 그렇게 많지는 않았으며, 이렇다 할 등산로가 나 있는 산도 아니었다. 꼭대기에 버티고 있는 외국 시설물 덕분에 그저 올라갈 수 없는 산이려니 했다. 그러나 바로 이 산에 고려 고종 홍릉이 있으며, 백련사와 청련사, 적석사, 오련지가 있는 데다 능선에 청동기시대의 고인돌군까지 있으니, 어찌 보면 강화를 대표하는 마니산보다 더 많은 이야기 거리를 간직하고 있는 산인 셈이다. 특히 강화로 천도하여 이곳에서 일생을 마친 고려 고종의 능을 품고 있음으로 해서 고려산이라는 이름을 얻었고, 그로 인하여 남한에서는 찾아보기 드문 고려시대의 역사를 간직하고 있으니 애당초 가볍게 볼만한 산은 아닌 것이 분명했다. 그러나 그렇다고 할지라도 사람 팔자 순식간에 바뀌듯이 고려산에 이렇게 많은 사람들이 전국에서 몰려들 줄이야 생각도 못한 일. 관광객을 불러들이기 위한 강화군청 공무원들의 경쟁적인 노력으로 말미암아 산 정상 일대에 진달래 군락지를

**백련사
416년(장수왕 4)에 인도 승려 천축조사가 창건했다고 전한다. 창건 뒤의 역사는 뚜렷하지 않으나 현존 자료로 가장 오래된 것은 1806년(순조 6)에 세운 의해당의 사리비와 부도이다. 그 뒤 1881년(고종 18)에 벽담이 화주가 되어 현왕도를 조성하고, 1888년(고종 25)에도 벽담이 지장보살도·신중도·칠성도·독성도 등을 조성하여 법당에 봉안했는데, 이 불화들은 오늘날까지 전해오고 있다.

조성할 때까지만 해도 그랬다. 몇 명이나 올까 싶었는데 그만 대박이 나고 만 것이다. 진달래 축제가 열리는 기간에는 아예 고인돌공원 주차장에 등산객을 싣고 온 대형 버스가 가득 차고, 거기서부터 걷기 시작하는 이들의 행렬이 장사진을 이루니, 고려산은 이제 더 이상 한적하기만 하고 볼품없었던 그 민둥산은 아니다.

이른 아침부터 몰려들어서 고려산 정상 일대를 가득 메운 인파는 도대체 누가 보더라도 믿을 수 없는 일이다. 그것도 해마다 4월이면 반복되는 이 현상은 두 눈으로 분명히 보고서도 도저히 이해할 수 없고, 이해되지도 않는 일. 등산 대상지 축에도 못 들던 이 조그마한 봉우리에 하루에 수천수만 명이 저마다 배낭 하나씩 을러메고 끊임없이 올라오는 광경은 '경이로움' 그 자체이기도 하다. 산을 온통 진달래 나무로 뒤덮어 놓은 열성도 이해할 수 없는 일. 세상에 이렇게 꽃을 좋아하고, 산을 좋아하는 민족이 또 있을까?

고려산 정상에서는 남쪽 고비고개로 내려갔다가 혈구산으로 올라가는 또 다른 진달래길이 좋다. 정상에서 서쪽으로도 진달래 전망대 지나 꽃길이 이어지는데 고천리 고인돌군 두 군데와 낙조봉 지나 미꾸지고개로 내려서는 능선 종주길이 가장 인기가 높다. 이 능선길은 중간에 남쪽 고천리나 적석사, 북쪽 삼거리 고인돌군으로 내려갈 수 있다.

고려산에 묻힌 고려 23대 왕 고종

고려산 정상에서 남동쪽 하산길을 택하면 최씨 무인정권에 휘둘려 강화로 천도했다가 결국은 개경으로 돌아가지 못한 고려 23대 왕, 고종이 뼈를 묻은 홍릉*을 지난다. 고종은 1192년에 태어나 1259년, 강화에서 세상을 떠났다. 46년 재위기간 대부분 최씨 무인정권이 집권한 시기로 왕권을 회복하지 못하고 실질적인 권력을 행사할 수 없었다. 1257년 몽골과의 강화를 위해 태자원종를 원나라에 보내기도 했으나 실권을 되찾지 못했다.

멀리 염하가 보이는 산 중턱은 봉분이 비탈에 간신히 붙어 있는 형국이니 아무리 좋게 봐줘도 왕릉 자리는 아닌 듯하다. 할아버지 왕인 21대 희종의 능역시 진강산 중턱에 있지만 그래도 홍릉보다는 사정이 좀 나은 편이다. 고려

멀리 염하가 보이는 산 중턱 비탈에 고려 23대 왕 고종이 잠들어 있다.

산처럼 그렇게 비탈진 곳은 아니니 말이다.

고려의 두 왕이 묻힌 석릉과 홍릉이 찾아가기 힘든 산 중턱에 있는 반면에 왕비들의 능인 곤릉과 가릉은 그래도 좀 아래쪽 산기슭에 자리해서 나은 편이다. 죽은 사람이 자기 묻힐 곳을 택하지는 않았을 터, 최씨 무인정권에 의해서 모든 것이 좌지우지되던 시절의 일인지라 이미 죽어버린 왕을 곱게 잘 모셨을 리는 없었으니, 후미진 산등성이에 버려지듯 남은 홍릉이나 석릉은 지나간 500년 영욕으로 얼룩진 고려사의 단편을 말없이 입증하고 있다. 개경으로 가지 못하고 강화에 남은 두 왕릉에 대해서는 도굴을 피해 그렇게 찾아가기도 어려운 곳에 숨기듯 묻었다는 궁색한 설명이 붙을 만도 하지만, 이제 모든 것은 망각 속으로 사라지고 무덤만 남아 있을 뿐이다.

*고려 고종 홍릉

홍릉은 원래 3단의 축대로 되어, 맨 아래에 정자각, 제2단에 석인(石人), 맨 윗단에 봉분을 배치한 형식이었다. 1919년 조사 때 원분 지름이 4m 정도의 소형이고, 봉토 아랫부분에 둘레돌 3판(板), 능 주위에는 난간의 돌조각이 남아 있었다. 능의 네 모퉁이에 석수(石獸)를 각 1구씩 세웠고, 좌우와 뒤편 세 곳에 돌담 흔적이 있었다고 하지만, 현재 석물로는 제2단에 석인 두 쌍이 남아 있고, 보수된 난간에서 원래의 것으로 보이는 동자(童子) 돌기둥이 몇 개 있을 뿐 석수는 없어졌다. 1971년 사적 제224호로 지정됐다.

홍릉 올라가는 길목에 있는 재실.

현판 하나 변변하게 달아놓지 않은 데다 담까지 둘러쳐 놓은 재각과 국화리 학생야영장을 지나면 고비고개 오르는 큰길에 내려선다. 황련사*는 여기서 왼쪽 길로 내려가다 갈림길에서 오른쪽 길을 택한다. 차도를 피하려면 중간에 농로로 접어들어서 질러갈 수도 있으나 결국은 차도와 만난다.

황련사가 비록 역사 오래된 절집이라고는 하나 법당과 요사채는 그리 오래된 건물이 아니라서 연꽃 다섯 송이를 날려서 떨어진 자리에 절을 지었다는 천축조사의 '오련설화'가 무색해진다. 황련사는 고려산이 아니라 고비고개 남동쪽 혈구산 기슭에 있으며, 흑련사 역시 혈구산 서영동 동굴 일대가 그 절터였다고 하니, 천축조사가 고려산 꼭대기에서 날린 오련지 연꽃 다섯 송이는 꽤나 멀리 날아갔던 모양이다.

강화도령도 마셨던 찬우물 약수

조선시대 선비들의 충절을 상징이라도 하듯 소나무 몇 그루가 시립하고 있는 충렬사는 병자호란 이래 순절한 스물여섯 명의 위패를 모신 곳이다. 스물여섯 명 가운데는 병자호란 당시 강화가 청군에게 함락되자 남문루에 화약을 쌓아놓고 자폭한 선원 김상용 같은 이가 대표적인 인물이다.

삼전도의 굴욕 이틀 전에 청나라로 끌려가서 처형당한 삼학사, 윤집, 오달제, 홍익한도 이곳에 위패를 모셨으며, 1641년인조 19 세워진 이래 매년 10월에 이들의 넋을 기리는 제향을 올리고 있다. 비록 명륜당과 동·서재가 없어지고 사당과 전사청, 외삼문만 남아 명맥을 유지하고 있지만, 더러 1977년 발굴된 지산리 선원사지가 가궐 터이며 충렬사 일대가 고려대장경 목판을 만들어 보관했던 호국사찰 선원사 터라는 주장도 있다. 이는 1931년 편찬된《속수증보 강도지》를 근거로 하는데, 이전 몇몇 기록과는 달리 구체적으로 선원면 선행리 충렬사 앞 인근 일대를 선원사의 유지遺址라고 하고 있기 때문이다. 이를 근거로 강화지역의 향토사가들은 현재의 선원사지가 가궐 터이며, 충렬사 전면 터가 선원사지라고 주장하고 있다. 그러나 아직 이렇다 할 발굴작업의 결과가 없기 때문에 추측만 무성할 뿐이다.

충렬사 앞에서 길은 두 갈래로 나뉜다. 왼쪽은 강화읍으로 향하는 길이며, 오른쪽은 찬우물약수터 지나 찬우물고개 넘어가는 길이다. 오른쪽 길을 택해서 야트막한 고개를 넘어가면 제일방재 지나서 오른쪽으로 약수터 가는 지름길이 갈라진다.

찬우물 약수는 강화도령 원범이 1849년 열아홉 살의 나이로 헌종의 뒤를 이어 왕위에 오르기 전 이곳에서 '봉이'라는 처녀와 만나 사랑의 언약을 했던 곳으로 유명하다. 강화읍내 용흥궁에서는 직

*황련사

강화읍 국화리에 있는 이 절은 천축조사가 창건한 오련사(고려산 오련지) 중 노란색 연꽃이 떨어진 곳에 지은 절이다. 본래는 장엄한 규모였으나 화재로 소실되어 그 터만 남아 있던 중 현재의 법당과 요사채가 들어섰다. '강도지(江都誌)'에 의하면 남산 북록 연화동 보만정 자리로 되어 있는데 그 진부를 알 수 없다.

선거리로 3킬로미터, 선원면 냉정리 철종 외가에서는 1.8킬로미터밖에 안되는 가까운 곳이 바로 찬우물 약수터였으니, '냉정리冷井里'라는 마을 이름과 더불어 일개 나무꾼에 불과하던 강화도령과 마을 처녀 봉이의 이루지 못한 사랑이 아직껏 애틋한 약속으로나 남아 있을 뿐이다. 약수터 일대에서는 강화대교와 염하가 잘 보이니, 그 옛날 두 연인의 이별의 장소이자 홀로 남은 봉이의 기다림의 장소로도 제격인 듯하다.

찬우물 한 바가지로 땀을 식히고 다시 걸음을 옮기면 고갯마루에서 84번 지방도 건너 산등성이로 올라서는 계단이 보인다. 원래 이 찬우물고개 마루에는 달구지 하나 지나다닐 정도의 길이 나 있었는데 4차선 도로까지 확장되면서 혈구산에서 뻗어내린 능선을 잘라낸 결과 계단 없이는 못 올라갈 정도로 가파른 경사의 절개면이 생긴 것이다.

걷기 편한 강화중성길

일단 계단을 올라서면 평퍼짐한 능선 따라서 걷기 편한 길이 이어진다. 바로 강화중성길이다. 고려시대의 강화중성*은 석성과는 달리 흙으로 쌓은 흔적이 남아 있을 뿐 유심히 보지 않으면 토성이라는 확신이 들지 않는다. 그러나 능선 따라 갈수록 토성 흔적은 더욱 뚜렷하게 나타나며, 길도 널찍하게 나 있다. 조붓한 산책로라면 좋을 텐데 조림과 간벌 작업 때문에 설치한 임도가 옥에 티다.

이 길은 가파르지 않은 데다 봄철에는 진달래와 개나리 흐드러지게 피는 꽃길, 여름에는 그늘 시원

*강화중성

고려 고종 37년(1250)에 축조한 토성이다. 총 길이는 약 6km이며 강화읍 옥림리 옥림고개에서 시작하여 북산 정상 거쳐 선원면 신정리로부터 창리, 대문고개를 거쳐 남산 정상에 이르렀다.

이 성에는 7개의 성문을 설치하고 송도 성곽을 모방하여 이름을 지었다고 한다. 정 동문은 선인문, 동남쪽은 장패문, 남쪽은 태안문, 서남쪽은 광덕문, 서쪽은 선기문, 서북쪽은 선의문, 북쪽은 북창문, 동북쪽은 창희문이다.

✤ 걷기 편한 강화중성길은 강화 사람들의 산책로로 사랑받는 곳이기도 하다.

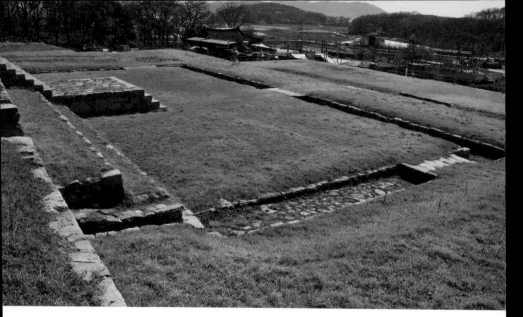

그 옛날, 선원사가 있었던 곳. 그러나 아직 결정적인 증거가 나오지 않아 더 많은 연구가 필요하다.

한 소나무 숲길이라서 강화 사람들의 산책길로도 사랑을 듬뿍 받고 있다.

끝없이 이어질 듯하던 평화로운 길은 얼마 가지 않아서 갈림길로 끝나고 왼쪽은 세광아파트로 내려서는 길, 오른쪽은 묘지 지나서 대문고개로 내려서는 길이다. 어쨌든 이른 봄에서 늦봄까지 개나리와 진달래, 철쭉 흐드러지게 피는 대문고개로 내려서서 길을 건너가야 끊어진 능선길을 다시 이어갈 수 있다.

강화중성길을 계속 따라가면 창골이나 가제골로 내려서서 강화 외성으로 이어지지만 선원사지로 가려면 중간에서 길을 잘 찾아야 한다. 소나무 숲길을 이어가다 왼쪽으로 파란색 농막 지붕이 보이면 바로 거기서 50~60미터쯤 더 간 후, 길 오른쪽 아래로 묘지가 보이는 곳이 선원사지로 내려가는 길목이다. 묘지 주변은 나무를 모두 베어 놓았기 때문에 쉽게 발견할 수 있다. 묘지 옆으로 해서 선원사까지는 10분도 채 안 걸리는 거리다.

산길에서 선원사지로 들어서는 초입에는 절터 발굴 흔적이 그대로 남아 있다. 기와 조각을 한데 모아 놓은 곳도 있고, 일정한 간격으로 땅을 파놓은 채 그냥 방치한 곳도 있어서 발굴 작업을 하다 만 듯한 인상을 준다. 선원사지는 1976년 동국대학교 강화도학술조사단이 처음 발견한 이래 2001년까지 네

강화도령 철종의 외가.

차례에 걸친 발굴 작업 결과 커다란 성과를 거두었다. 그러나 조선왕조실록에서 전하는 바와 같은 '고려팔만대장경'을 판각했던 선원사 터로 볼 수 있는 결정적인 증거가 나오지 않아서 앞으로도 계속 연구해야 할 과제로 남아 있다.

여름철 연꽃 축제가 열리는 선원사지 앞 논 사이로 난 길을 거쳐 선원면 소재지에서 선원치안센터 쪽 길로 7~8분쯤 가면 수부촌 버스정류장에 이른다. 이 정류장에서 오른쪽 갈림길이 철종 외가 가는 길이다. 입구에는 파주 염씨 신도비와 냉정리 마을회관이 있다.

냉정리 철종 외가*는 강화읍내 용흥궁과 더불어 훗날 조선 25대 임금이 된 강화도령 원범의 발자취가 남은 곳으로, 두 곳 다 철종 4년에 새로 지은 건물이다. 강화도령은 원래 왕손으로 사도세자의 직계 후손이며 헌종과는 7촌 아저씨뻘 되는 관계였

*철종 외가

1853년(철종 4)에 조선 제25대 철종이 강화유수 정기세(鄭基世)에게 명하여 지은 기와집으로, 철종의 외척인 염보길(廉輔吉)이 살았다. 원래 안채와 사랑채를 좌우로 둔 H자형 구조의 건물이었으나 지금은 행랑채 일부가 헐려 몸체만 남아 있다. 집 뒤에는 염씨 집안의 묘가 있다.

일반 사대부 집의 웅장한 규모와는 다르게 법도에 맞도록 고졸(古拙)하게 지은 건물이이어서 양반가옥에서 볼 수 있는 기품과 화려함은 없으나 단아하고 고풍스럽다. 평면 구성은 경기 지역 사대부 가옥 형태를 따랐으나 안채와 사랑채를 一자로 연결시켜 안채와 사랑채의 공간을 작은 화장담으로 간단하게 나눈 점이 특이하다.

다. 태어나서 자란 곳은 서울이며 가족과 함께 강화에 귀양 온 때는 그의 나이 14세, 1844년의 일이다.

'죽음의 공포'에서 벗어나 왕이 되다

이미 강화도는 철종의 큰아버지인 이담이 정조 때 역모 죄로 몰려서 유배되었다가 사약을 받고 죽은 악연이 있는 곳이며, 할아버지인 은언군—사도세자의 차남—역시 같은 죄목으로 연루되어 강화에 유배되었다가 황사영 백서 사건 이후 부인과 며느리가 천주교 신자임이 밝혀지면서 가족 모두가 사사賜死되었다. 이후 은언군의 셋째 아들인 이광은 민진용이 주도한 역모에 연루되어 강화도령을 포함한 가족 모두가 강화에 유배당하기에 이르렀다. 설상가상으로 유배지인 강화에서 아버지인 이광과 큰형인 원경이 사약을 받고 죽었으니, 강화도령 원범에게 있어서 강화도는 그야말로 '죽음과 공포의 섬'이었던 셈이다.

왕족이라는 사실을 철저히 감추고 숨죽여 살아야 했던 강화에서의 5년, 다 쓰러져가는 읍내 초가집에서 살아남은 가족들이 의지할 곳이라고는 냉정리 외가밖에 없었으며, 강화도령이 남들의 눈을 피해 자유롭게 뛰놀 수 있었던 곳 역시 이곳 외가였다. 햇살이 눈부시게 쏟아지는 봄날, 철종 외가 주변으로는 온통 벚꽃이 만발해서 꽃대궐을 이루고, 주변의 야산을 배경으로 아늑한 자리에 위치한 기와집 마당에 들어서면 더없이 편안한 느낌이 든다. 여기가 바로 늘 두려움에 떨면서 유배지에서의 삶을 연명하던 강화도령의 유일한 피난처였으리라.

하여튼 강화도령은 본의 아니게도 가장 무능력한 왕손을 발탁하여 왕위에 앉히려는 안동 김씨의 세도정치에 휘말려 1849년, 강화에서의 유배 생활을 마치고 일약 19세의 나이에 조선 25대 임금 철종에 즉위하는 기적과도 같은 순간을 경험했다. 그러나 꿈결과 같은 세월도 잠시, 영악한 신하들에 휘둘리는 허수아비 왕인지라 궁궐에 갇힌 13년의 재위 기간 동안 술과 여자에 탐닉하여 여덟 명의 후궁을 두었고, 32세라는 젊은 나이에 생을 마치고 말았다.

조선의 개국과 더불어
사라진 절 선원사

선원사가 이 땅에 존재했던 시기는 1245년부터 1398년까지 153년간이다. 원래 고려가 강화로 천도한 이후 1245년고종 32 최우의 원찰로 세워진 절이 바로 선원사였으며, 승주 송광사와 함께 고려시대를 대표하는 2대 선찰로 이름을 높였다. 그러나 선원사는 1398년조선 태조 7 대장경판이 한양 지천사로 옮겨진 후 별다른 기록도 남기지 않은 채 역사의 무대에서 흔적도 없이 사라져 버렸다. 전하는 바에 따르면 1398년 5월 선원사에서 염하 거쳐 한강을 거슬러 올라가는 배편으로 대장경판을 옮겼는데, 태조 이성계가 친히 용산강에 나아가 대장경을 맞이했다고 한다. 이 팔만대장경 목판은 현재 합천 해인사에 봉안되어 있는데, 1398년 서울로 왔다가 세조 때인 1456년 해인사로 옮겨진 것으로 추정하고 있다.

선원사지는 인천광역시 강화군 선원면 지산리에 있으며, 사적 259호이다. 1398년태조 7 없어져 그 터조차 찾지 못할 정도로 폐허가 되어버렸다가 1976년 동국대학 강화학술조사단이 580여 년 만에 발굴했다. 절터는 전체적으로 남향이며 산기슭을 깎아서 동서 방향으로 긴 네 개 층단에 독립 건물 21채, 부속 행랑채 7채를 배치했던 것으로 보인다. 건물이 있었던 지역을 중심으로 발굴 작업이 이뤄졌는데, 가로 180m, 세로 180m 규모로서 축대를 쌓은 길이만 38m에 이르는 중앙부 기단에는 삼존불을 받쳤을 불단 유구가 확인됐다. 또한 건물지 다섯 군데에서 온돌시설과 배수시설이 나왔지만 탑지는 발견되지 않았다.

연미정에 오르면 북녘 땅이 지척이다

고향에서 버림받은 젊은 순교자의 길

황사영길은 강화산성 북문에서 시작하는 데다
비교적 짧기 때문에 고려궁길이나 강화읍성길에
이어서 걸을 수 있다. 오읍약수에서 조금 내려가면 바로
황선신 장군 사당이 있는 대산리 송학골 마을이다.
대산리 고인돌은 큰길 건너서 대산리 침례교회 지나서
왼쪽 구릉지대에 있다. 강화읍을 우회해서 교동까지
이어지는 국도 48호선 공사가 진행 중에 있어서 대묘동
황형 장군 사당은 길을 되짚어 나와 대월초등학교
앞을 지난다. 대금동으로 내려서는 길 중간에 뺄우물이
있으며, 황사영 생가터는 황형 장군 사당 바로 옆이다.
황사영 생가터에서 농로 따라서 연미정으로 향하다
보면 길가에 비석 두 개와 안내판 하나가 세워진 곳이
있다. 병자호란 당시의 충신 윤집 집터다. 월곶돈대는
민통선 안쪽에 있다가 최근에 개방됐으며, 돈대 안에
연미정이 있다. 돈대 오르는 길옆에는 황형 장군
택지임을 알리는 비석과 안내판이 있다. 월곶돈대에서
해안순환도로를 따라 나오다 갈림길에서 강화읍으로
이어지는 오른쪽 길을 택한다. 옥림리 옥감마을이나
용정리 범머리 일대는 방조제를 쌓기 전에는 모두
바닷물이 드나들었던 곳이다.

월곶돈대 안에 있는 연미정.

07 대금동 황사영길
7.79km, 1시간 53분

1. 강화읍성 북문 ~ 대산리 고인돌(1.28km)

❶ 강화읍성 북문을 나선 후 오른쪽 길 따라서 370m쯤 가면 ❷ 오읍약수에 이른다. 오읍약수에서 200m쯤 산길을 따르면 길은 밭 가장자리에 있는 ❸ 황선신 장군 사당 옆으로 지난다. 느티나무 고목이 멋지게 가지를 드리운 집을 지나서 300m 더 가면 대월로 큰길이다. 이 길을 건너서 곧장 150m쯤 가면 대산침례교회를 지난다. 교회에서 100m쯤 내려가서 왼쪽으로 꺾이는 길을 택해 160m쯤 가면 왼쪽으로 민가가 있고, 민가 뒤쪽 언덕, 밭 가장자리에 ❹ 대산리 고인돌이 있다.

2. 대산리 고인돌 ~ 황사영 생가(1.71km)

대산리 고인돌에서 길을 되짚어 나와 대월로 따라서 300m 가면 대월초등학교를 지난다. 대월초교에서 270m 더 가면 갈림길이 나오는데 왼쪽 길을 택한다. 여기서 230m 더 가면 오른쪽 논 한가운데 바위가 솟아 있으며 바위 틈에서 샘물이 솟아나오는 ❺ 뻘우물이다. 뻘우물에서 500m 더 가면 왼쪽으로 ❻ 황형 장군 사당과 묘지가 보이는 진입로 입구에 이른다. ❼ 황사영 생가터는 황형 장군 사당 오른쪽이며, 별도의 안내판이 없다. 진입로에서 묘소까지 150m 거리다.

3. 황사영 생가 ~ 월곶돈대/연미정(1.76km)

황사영 생가에서 산기슭 따라서 이어지는 콘크리트 포장도로를 따라 700m쯤 가면 길가 왼쪽에 안내판과 비석이 두 개 서있다. 그냥 지나치기 쉬운데 바로 이곳이 ❽ 윤집 택지다. 윤집택지에서 460m쯤 포장도로 따라서 논 한가운데를 지나면 월곶리회관길과 만난다. 여기서 오른쪽 길을 택해서 600m쯤 더 가면 ❾ 월곶돈대와 연미정에 이른다. 월곶돈대 오르는 길 옆에는 황형장군 택지임을 알리는 비석이 서 있다. 연미정은 월곶돈대 안에 있다.

4. 월곶돈대/연미정 ~ 강화읍성 동문(3.24km)

연미정에서는 해안순환도로를 따라서 남쪽으로 360m 가다 오른쪽 옥림리 도감골 지나는 길을 택한다. 2.14km 가면 대산리로 넘어가는 길과 만나며 여기서 ❿ 강화읍성 동문까지는 740m 거리다.

여행정보

- ⓟ 차를 가져간다면 강화읍성 북문 주차장이나 용흥궁공원 주차장에 세워두면 좋다.
- ⓦ 대중교통을 이용한다면 강화시외버스터미널부터 시작한다. 터미널에서 북문까지는 걸어서 30분, 동문까지는 18분 걸린다.
- ⓘ 걷는 길 중간에는 매점이나 음식점을 거의 찾아볼 수 없다. 화장실은 북문 주차장, 오읍약수터에 있다.

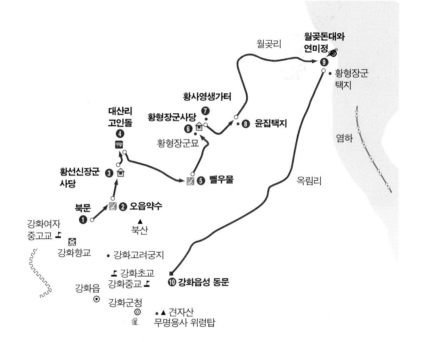

월곳리

월곳돈대와
연미정 ⑨

황형장군
택지

염하

황사영생가터
⑦

황형장군사당
⑥

대산리
고인돌
④

⑧ 윤집택지

황형장군묘

황선신장군
사당

③

⑤ 뺄우물

옥림리

북문
①

② 오읍약수

강화여자
중고교

북산

강화향교

강화고려궁지

강화초교
강화중교

⑩ 강화읍성 동문

강화읍

강화군청

견자산
무명용사 위령탑

오래된 느티나무와 또아리집이 마을의 역사를 대표하는 듯 길손을 반긴다.

송악골 느티나무 아래 '또아리집'

강화산성 북문을 나서면 길은 두 갈래다. 왼쪽은 은행나무가 줄지어 선 콘크리트 포장길인데 송악골 마을까지 일직선으로 뻗은 내리막이다. 가을철 노랗게 은행이 물든 풍경이 보기는 좋으나 걷기에는 별로 내키지 않는 길이다. 오른쪽은 오읍약수 거쳐서 송악골로 내려가는 길인데, 봄철에는 벚나무가 꽃그늘을 드리운 산허리길이라서 호젓하기 그지없다. 이 일대는 불과 몇 년 전만 해도 하루 종일 대남방송이 시끄럽게 울려대던 곳인데, 어느 날 조용해지면서 물맛도 한층 더 좋아졌다. 찬우물이나 뺄우물, 왕자우물, 정수사 샘물 등이 유명하지만 물맛으로 치면 강화도에서 둘째가라면 서러운 약수가 바로 이 오읍약수다.

오읍약수에서 산길을 따라 내려가면 바로 송악골에 이른다. 개성 송악을 본따서 강화 북산을 송악이라 했으니, 송악 북쪽에 있는 마을이라 하여 송악골이다. 산기슭에 돌담에 둘러싸인 오래된 사당 하나가 있는데, 첫눈에도 범상치 않아 보인다. '고려 충신 황선신黃善身'의 위패를 모신 사당 '주란헌柱欄軒'*이다. 1636년 병자호란 당시 청나라 군대의 강화도 침입에 맞서 싸우다 전사한 세 충신이 있는데 바로 황선신과 강흥업, 구원일이다. 이듬해인 1637년 이들의 충절을 기리기 위해 순절터인 강화읍 갑곶리 당고개 위에 삼충단을 세우고 제사를 지냈는데, 현재 삼충비는 강화역사관 내에 있으며, 충렬사에 배향했다.

사당에서 조금 내려오면 마을의 역사를 대표하는 듯 느티나무 고목 한 그루가 길손을 반긴다. 그 옆으로는 강화도에서 볼 수 있는 전형적인 'ㅁ'자 가옥, 일명 '또아리집'이 한 채 있다. 아마도 이 일대에서는 가장 오래된 집인 듯한데, 대문이 달린 바깥채는 워낙 낡은 데다 손을 보지 않아서 무너져가고 있지만 안채는 따로 문도 내고, 이리저리 고친 흔적도 보인다.

강화에서 이런 집은 처음부터 'ㅁ'자로 지은 것은 아니고, 'ㄱ'자 집부터 시작해서 식구가 늘어나면 여기에 'ㄴ' 자 집을 덧붙이는 식으로 지었는데 겨울에 추위와 바람을 막아주는 탁월한 효과를 발휘한다. 대문을 굳게 닫아걸기만 하면 이 'ㅁ'자 가옥은 흡사 뱀이 또아리를 틀고 있는 것처럼 그 자체가 하나의 작은 성이 되는 것이니, 역사시대에 걸쳐서 강화도와 한강 하구를 차지하려는 세력들 간에 벌어졌던 크고 작은 수많은 싸움과 결코 무관하지 않은 결과물이다.

*황선신 장군 사당 주란헌

병자호란 3충신 중 한 명인 황선신 장군은 평해 황씨로, 청나라 군에게 강화성이 함락될 때 중군으로 패잔병을 이끌고 갑곶진을 수비했다. 그러나 적이 강을 건너자 군졸이 모두 겁을 내어 도망하므로 홀로 활을 쏘다가 전사했다. 효종이 병조 참의를 제수하고 정문을 세웠으며, 충렬사에 배양하게 하였다. 황 장군의 사당은 강화읍 대산리 송악골 묘소 서편, 오읍약수 올라가는 길목에 있다.

대산리 고인돌은 발굴되기 전인 1960년대까지만 해도 밭 한가운데 있는 커다란 바위에 지나지 않았다.

농사에 방해되던 바위가 고인돌일 줄이야

밭 가장자리에 있는 대산리 고인돌*은 1960년대까지만 해도 그 존재가 알려지지 않았다. 이것이 고인돌이라는 사실을 세상에 처음 알린 이는 강화 옥림에서 17대째 살고 있는 곽노중 씨다. 1970년대 초반 곽씨가 강화군청에 재직하고 있을 때, 퇴비생산 독려를 위해 마을마다 돌아다니던 중에 발견한 것이 바로 이 고인돌이었다.

지금처럼 자동차가 흔하지 않던 시절, 웬만한 거리는 다 걷거나 자전거를 이용한 출장이 대부분인지라 산기슭이며 구릉지 밭을 가로질러서 집집마다 방문할 수밖에 없었는데, 대산리 밭 가장자리에 버티고 있는 수상쩍은 커다란 바위가 곽씨의 눈에 들어왔다. 이 바위는 결국 북방식 고인돌로 판명 났으며, 오늘날과 같은 '대산리 고인돌'이라는 이름을 얻기에 이르렀다. 곽씨에 따르면 농부들이 밭을 일구는 도중 나온 돌을 죄다 고인돌 주변에 쌓아놓았는데, 그중에는 석기시대의 유물인 주먹도끼 같은 것도 나왔다고 하니 세상에 허투루 지나갈 일은 하나도 없는 듯하다.

도로 공사로 분주한 대산리 고인돌 주변을 벗어나 대금동 황형 장군 사당

빨우물은 원래 이름이 '별우물[星井]'이다. 예부터 상처 치료에 효험이 있는 것으로 알려졌다.

으로 향하자면 물맛이 특이한 '빨우물'을 지난다. 원래는 별이 떨어진 곳에 샘이 솟았다고 하여 '별우물[星井]'인데, 와전되어 빨우물이라고 불린다. 철분을 많이 포함하고 있는 빨우물은 예로부터 상처 치료에 효험이 있는 것으로 알려졌는데, 특이하게 논 한가운데 돌출한 바위 아래쪽 틈에서 물이 솟아나온다. 아마도 원래는 주변에 논이나 집이 없었을 테고, 자연스럽게 북산 지능선이 뻗어 내린 지형의 일부였던 곳으로 보인다. 빨우물에서는 멀리 야산 기슭에 있는 장무공 황형1459~1520 장군의 사당과 그 왼쪽 소나무 숲으로 둘러싸인 묘가 한눈에 들어온다.

황형 장군은 1510년중종 5 경상좌도 방어사로서 조선시대 개항장이었던 진해시 웅천동 제포에서 왜적을 크게 이겨 삼포왜란을 평정했으며, 1514년

*대산리 고인돌

길이 3.68m, 너비 2.60m, 두께 0.5m로, 청동기시대 대표적인 묘제인 탁자모양을 한 북방식 고인돌이다. 대산리 고인돌은 고려산 동쪽 봉우리인 북산(北山) 해발 약 20m 능선에 흙과 자갈로 돋우고, 그 위에 좌우 고임돌을 놓은 후 덮개돌을 올렸으나 현재는 옆으로 기울어져 있다.

우측 고임돌은 길이 2.4m, 너비 1.5m, 높이 0.45m이며, 좌측 것은 길이 1.6m, 너비 1.3m, 높이 0.3m이다. 흑운모 편마암의 덮개돌은 길이 3.68m, 너비 2.6m, 0.5m이며 비교적 상태가 양호하다. 1995년 인천광역시기념물 제31호로 지정되었다.

소나무 숲으로 둘러싸인 황형 장군 묘.

에는 평안도 병마절도사와 함경도 병마절도사로서 서북방을 침범한 여진족
을 물리치는 공을 세워 벼슬이 공조판서에 이르렀다. 시호는 '장무莊武'이다.
만년에는 월곶리에 낙향하여 주위에 소나무를 많이 심도록 했는데, 이 소나
무는 1592년 임진왜란 당시 병선 건조용으로 크게 쓰인 바 있으며, 1597년 정
유재란 시 선조가 연미정에 왔을 때 성책과 주택 건축용으로 요긴하게 사용
되어 70여 년 앞의 일을 내다본 황형 장군의 선견지명이 칭송을 받았다. 특히
중종은 황형 장군 사후 연미정 전 지역과 많은 전답 외에 3만여 평의 산지를
사패지로 하사했으며, 장무공 사당에서는 불천지위신위를 배향하여 오늘에
이르고 있다.

　장무공 황형 장군의 묘소는 강화읍 월곶리 대묘동 665-1에 있으며, 향토유
적 제6호로 지정됐다. 묘소는 약 100평 규모로 앞에는 묘비, 상석, 향로석과
좌우에는 문인석, 망주석 등이 배치되어 있다. 묘비는 대리석으로 장방형 비
좌와 투구형 비두를 갖췄고 전면에는 '정헌대부 공조판서겸 오위도총부 도총
관 지훈련원사 장무공황형장군지묘'가 새겨져 있다. 묘소 아래 왼쪽으로 사
당이 있으며 그 앞에 신도비가 있다.

묘소 아래쪽에 있는 황형 장군 사당.

신앙의 자유를 선택한 27세 청년 황사영

황형 장군과 같은 창원 황씨인 황사영의 생가터는 장무공 사당 바로 옆에 있다. 그러나 어찌된 일인지 생가터를 알리는 안내판 하나 없다. 불과 얼마 전만 해도 있었던 안내판이 사라졌다는 것이 천주교 신자인 마을 사람의 이야기다.

'황사영 백서'* 사건의 주인공이자 순교자로 알려진 황사영알렉시오, 1775~1801은 그의 선조 10여 대가 판서 벼슬을 지낸 명문가 출신이었다. 어려서부터 신동으로 불렸던 황사영은 1791년 16세의 어린 나이에 진사시에 합격했고, 정조가 그를 친히 불러 손목을 어루만지며 치하했을 정도로 장래가 촉망되는 수재였다. 당대의 석학을 만나 학문을 넓혀가던 황사영이 천주교와 인연을 맺게 된 것은 다산 정약용 일가를 만나면서부터다. 다산의 맏형인 정

*황사영 백서

길이 51cm, 폭 38cm 흰 명주천에 썼기 때문에 '백서(帛書)'라고 하는데, 가는 붓글씨로 13,311자나 되는 방대한 내용을 한문으로 기록한 것이다.

백서는 크게 세 부분으로 나뉘는데 당시의 천주교 교세와 주문모 신부의 활동, 신유박해 사실, 그리고 이때 죽은 순교자들의 약전을 기록하고, 주문모 신부의 자수와 처형 사실을 밝혔으며, 끝으로 당시 조선 국내의 실정과 이후 포교 방안을 제시했다.

원본은 당시 서울 주교 뮈텔이 1925년 한국 순교복자 79위의 시복(諡福) 때 교황 피우스 11세에게 바쳐, 현재 로마 교황청민속박물관에 있다. 교황청에서는 이를 200부 영인하여 세계 주요 가톨릭국에 배포했다고 한다.

황형 장군 사당 바로 옆에 있는 황사영 생가터. 얼마 전까지만 해도 있던 안내판이 사라지고 없다.

약현의 사위가 된 황사영은 중국인 주문모 신부에게서 영세를 받았다. 이후 활짝 열린 출세길도 마다한 채 정약현의 동생 정약종이 이끄는 천주교 모임 명도회의 주요 회원이 되어 전교 활동을 펼치기에 이르렀으나, 1801년 신유박해 이후 조선에서 순교자가 늘자 안타까운 마음을 가까스로 추스리던 황사영은 마침내 조선의 상황을 북경 교회에 알리고 도움을 청하는 백서를 썼다. 흰 명주천에 깨알 같은 글씨로 교회에 대한 박해와 앞으로의 전교를 위한 근본 대책 등을 적었던 것이다. 이렇게 쓰여진 백서는 같은 해 10월 동지사 편으로 북경 주교에게 전달되어야 하는 것이었다. 그러나 밀서를 지니고 가던 황심黃沁이 사전에 관헌에게 체포되고 황사영도 역시 관헌에게 붙잡힌다. 그는 즉시 의금부에 끌려가고 그가 쓴 백서는 조정으로 알려진다. 이를 받아 읽은 조정 대신과 임금은 크게 놀라 그를 극악 무도한 대역 죄인이라 하여 참수시키고 그것도 모자라 시신을 여섯으로 토막내는 처참한 육시형을 내렸다. 이미 1801년의 신유박해로 조선 교회의 핵심적인 지도자였던 주문모 신부와 이승훈, 정약종 등이 처형당한 상황에서 황사영을 고발한 이는 역설적이게도 그 자신이 1795년 을묘박해 때 유배당한 바 있는 다산 정약용이었다.

19세기 초 조선을 발칵 뒤집어 놓은 황사영은 당시 나이 불과 27세, 신앙의 자유를 지키기 위해서 외국 군대를 끌어들이려 한 그의 반국가적인 행위는 육신이 생으로 찢기는 형벌로 끝나고 말았다. 겨우 죽음을 면한 가족들조차 뿔뿔이 흩어지는 유배형에 처해졌으며, 노비로서 구차한 생을 마쳐야 했다. 그 후 200여 년, 한때 임금의 관심을 한몸에 받던 수재 황사영은 아직 생가터에 안내문 하나 변변히 서지 못할 정도로 고향에서 버림받은 존재에 머물고 있다. 일부 사가들이 황사영에 대하여 교회의 평등주의라는 원칙과 당시 조선사회에 미친 혁명적인 영향을 간과할 수 없다고 펼치는 주장은 언제까지 공허한 메아리에 머물 것인가.

*윤집 택지

윤집은 조선 중기의 충신으로 자는 성백, 호는 임계·고산, 본관은 남원, 형갑의 아들이다. 인조 9년 (1631)별시문과에 급제한 뒤 설서, 이조정랑, 부교리에 이어 교리로 있을 때 병자호란이 일어나자 적과의 화의를 반대하여 중국 심양으로 잡혀가 갖은 고문에도 굴하지 않고 척화의 소신을 주장하다 피살되었다.

대묘동에서 월곶리로 가는 길 중간에 선생이 살던 집은 없어지고 밭으로 변하였으며 비석만 전하고 있다.

월곶나루에 모여들던 삼남의 조운선

황형 장군 사당과 황사영 생가터를 뒤로 하고 연미정으로 향하는 길, 어쩌면 이 일대 산과 논, 밭 모두가 황 장군이 중종으로부터 하사받은 땅일지도 모르겠다는 생각으로 두리번거리다 보면 길가 왼쪽으로 비석이 하나 보인다. '충신 고학사윤집 택지忠臣 故學士尹集 宅址'*라 새겨져 있으니 여기가 삼학사 중의 한 사람, 윤집1606~1637의 집터다. 병자호란 이후 심양으로 끌려가 갖은 회유와 고문에도 굴하지 않고 척화의 소신을 펴다가 처형당한 윤집은 오달재, 홍익한과 함께 '삼학사'로서 강화 충렬사, 광주 남한산성 현절사 등에 제향되었다. 당시 오달재는 29세, 홍익한은 52세였다. 청나라 용골대는 이들의 시신을 수습하는 것조차 허락하지 않았으

월곶돈대. 이곳에서는 강 건너 북한 땅이 잘 보인다.

니, 훗날 뼈가 쌓여 있는 심양 서문 밖 형장에 집안 종들을 보내 초혼招魂하는 것으로 고향에 모셨다고 전한다.

윤집 택지에서 농로 따라 월곶돈대 연미정 가는 길은 그리 멀지 않다. 조강의 물과 염하의 물이 갈라지는 월곶은 그 생김새가 제비꼬리 같다고 하여 '연미정燕尾亭'*이라는 정자와 더불어 명성을 얻었다. 일찍이 고려 고종이 구재의 학생을 이곳 연미정에 모아 학업에 정진케 했다고 하니, 숙종 때 쌓은 월곶돈대는 이보다 훨씬 훗날의 일이다.

연미정 아래에는 큰 나루가 있어, 조선시대에는 한강 마포 나루로 향하는 삼남의 조운선이 많게는 천여 척이나 여기에 모였다고 한다. 물때를 기다리는 배들로 붐비던 나루는 뱃사공과 상인들이며, 객주집으로 한밤중에도 불이 꺼지지 않고 흥청대는 저자거리를 이뤘을 터, 상상만 해도 장관을 이루는 풍경이다. 그러나 1696년 병와 이형상이 찬술한 '강도지江都誌'에서는 당시의 "경강京江 이하 다섯 곳 수참에 수십 수백 명씩 무리지어 술을 곁들여 행음을 일삼았으며, 봄, 여름, 가을 세 철 배안에서 기거하며 나라의 곡식을 먹어 없애고, 겨울철에는 거리에서 난잡을 부리는 등 음탕한 풍습이 크게 일어 남편이 있는 양가집 여자도 추문이 파다"했던 '강창紅娼' 풍속을 신랄하게 꼬집고 있다.

홍수에 떠내려 온 머흘섬 '평화의 소'

작지만 나름대로 멋을 낸 월곶돈대 홍예문을 들어서면 수백 년은 됐음직한 느티나무를 호위무사처럼 양쪽에 거느린 정자가 눈길을 끈다. 바로 '연미정燕尾亭'이다. 정자에 오르면 바로 강 건너 북한 땅이 한눈에 들어오고, 문득 나뭇가지를 흔들며 스쳐가는 시원한 바람에 왜 이곳이 그 오랜 세월을 두고 사람들의 입에 오르내린 명소였는지 대뜸 알게 된다.

동쪽 성벽에 기대어 도도히 흘러내리는 강물에 눈길을 주노라면 염하로 갈라지는 어귀에 떠 있는 커다란 섬 하나가 보인다. 바로 희귀조류인 노랑부리백로와 저어새의 서식지인 유도留島다. 한강과 임진강이 합쳐지는 곳이라 세찬 물살에 떠내려 온 온갖 생명체가 머문다하여 '머흘도', 또는 그렇게 떠내려온 뱀들이 많이 산다고 하여 '뱀섬'으로도 불리는 이곳은 둘레 2.25킬로미터, 면적 0.3제곱킬로미터에 불과한 비무장지대의 버려진 땅이다. 고려 때 문장가 이규보도 부평 원님이 되어 강을 건너다 급류에 휘말려 구사일생으로 이 섬에 표류하여 목숨을 건졌으니, 머흘섬이라는 이름이 제격인 셈이다.

남쪽 김포시 월곶면 보구곶리 해안과 750미터, 북쪽 황해북도 개풍군 임한면 조문리와는 2.75킬

*월곶돈대와 연미정

강화팔경 중 하나인 '연미정'은 2008년 2월부터 시민에게 완전 개방되었다. 고려시대에 지어진 정자인 연미정은 절벽 아래에 한강과 임진강 물이 합류해 서해로 흐르는 곳으로, 물이 합류되는 지형의 모양이 마치 제비꼬리 같다 하여 붙여진 이름이 연미(燕尾)이고, 그곳에 있는 정자를 '연미정'이라고 한다. 조선 인조 5년 정묘호란(1627) 때에는 이곳에서 청국과 '강화조약'을 체결한 곳이기도 하다. 월곶돈대 동쪽으로는 염하와 조강, 유도, 북쪽으로는 조강 건너 북한 땅이 잘 보인다. 인천시 유형 문화재 제24호이다.

강화산성 북문을 나서 오읍약수 거쳐서 송악골로 내려가는 호젓한 길.

로미터 떨어져 있는 유도가 세상에 알려진 것은 경기 북부지방을 강타한 대홍수 직후, 1996년 8월이다. 홍수에 떠내려 온 소 두 마리가 해병대 초병의 망원경에 잡혔고, 며칠 후 한 마리가 사라졌다. 비무장지대에 있기 때문에 손을 쓰지 못하는 사이 소는 분단 상황을 상징이라도 하듯 날로 여위어갔고, 해가 바뀌었다. 굶주림과 추위로 뼈만 앙상하게 남은 소를 구출한 것은 97년 1월 17일, 무려 다섯 달만의 일이다.

김포군에서는 이 소를 '평화의 소'로 명명하고 극진하게 보살폈으며, 이듬해 '통일염원의 소'로 이름 지은 제주산 한우암소와 짝을 맺어 7년 동안 수송아지 4마리와 암송아지 3마리를 낳았다. 이 가운데 첫째 수송아지는 '평화통일의 소 1호'로 불려 어미 소의 고향인 북제주군에, 나머지 송아지는 일반 한우 사육농가와 한우협회김포시지부에 분양됐다. 마지막 암소인 '평화통일의 소 7호'는 통진두레놀이보존회의 보살핌 속에 두레놀이 일소로 자라고 있다.

옥창돈대

월곶돈, 휴암돈, 적북돈과 함께 월곶진 소속의 돈대였다. 강화읍 옥림리에 위치하나 현재는 터만 남아 밭으로 이용되고 있다. 기록에는 북쪽의 월곶돈대까지 775보, 남쪽의 제물진 망해돈대까지 1120보 거리에 있다고 전한다.

예성강 하구와 개성 송악산이 보인다

고려의 탑과 불상 찾아가는 길

봉천산 산행은 하점면사무소 주차장을 들머리로 한다. 주차장 바로 옆으로 삼림욕장 올라가는 길이 이어진다. 그리 오래된 숲은 아니지만 소나무 사이로 난 길이 상쾌하다. 봉천산 정상까지 오르는 데는 30분이 채 안 걸린다. 정상 오르는 길 중간에 전망 좋은 바위 능선이 있다. 여기서는 혈구산과 고려산, 망월평야, 별립산과 석모도까지 잘 보인다. 조선시대에 봉수대로도 쓰였던 봉천대는 생각보다 규모가 크다. 봉천산 정상은 여기서 북쪽으로 100미터쯤 더 간 곳이다. 봉천정에 오르면 북쪽으로 예성강 하구와 조강 건너 북한 개풍군 땅이 한눈에 들어온다. 날씨 좋은 날이면 개성 송악산도 볼 수 있는데, 송악산까지 직선거리로 불과 20킬로미터밖에 안되는 곳이 바로 봉천산이다. 봉천산 정상에서는 석조여래입상으로 바로 내려가는 길이 있으며, 오층석탑은 봉천대 쪽에서 내려간다. 강화지석묘공원에서는 게으른 소처럼 길게 누워 있는 봉천산과 그 꼭대기 어림에 자리한 봉천대가 뚜렷이 보인다.

봉천산 정상 봉천정에 오르면 북한 땅이 지척에 보인다.

08 봉천산 오층석탑길
5.99km, 2시간

1. 하점면사무소 ~ 봉천대(1.35km)
❶ 하점면사무소에서 ❷ 봉천산 삼림욕장을 거쳐 800m 쯤 오르면 샘터에 이른다. 길은 여기서 능선과 계곡길 두 갈래로 나뉜다. 왼쪽 가파른 능선길을 택해서 150m쯤 오르면 전망이 훤히 트이는 화강암 암반지대에 선다. ❸ 봉천대는 여기서 300m 더 간다. 봉천정과 산불감시초소가 있는 ❹ 봉천산 정상은 봉천대에서 100m 북쪽에 있다.

2. 봉천대 ~ 오층석탑(0.6km)
봉천산 정상에서는 석조여래입상으로 내려가는 길이 있다. ❺ 오층석탑으로 내려가려면 다시 봉천대까지 와서 올라왔던 길과는 달리 왼쪽 하산길을 택한다. 500m쯤 내려가서 왼쪽으로 오층석탑이 보인다.

3. 오층석탑 ~ 석조여래입상(2.2km)
오층석탑에서 바로 아래 주차장 지나 마을 길 따라서 700m 내려가면 하점천주교회에 이른다. 여기서 왼쪽, 믿음슈퍼 쪽으로 꺾어서 800m 가면 ❻ 석조여래입상 가는 길 입구가 나온다. 입구에서 석조여래입상까지는 700m다. (마을 길로 내려가지 않고 오층석탑에서 석조여래입상까지 곧장 갈 수 있는 산길이 있지만 오랫동안 사람이 다니지 않은 탓에 지금은 가시덤불이 무성하고 길을 찾기도 몹시 어려워진 것이 아쉽다.)

4. 석조여래입상 ~ 강화지석묘공원(1.84km)
석조여래입상에서 길을 되짚어 내려와 큰길에서 왼쪽, 장정리 쪽으로 460m쯤 가면 오른쪽으로 강화지석묘공원 가는 갈림길이 보인다. 집 두 채가 있으며, 두 번째가 원형 그대로의 돌담을 간직하고 있는 ❼ 돌담집이다. 여기서 ❽ 고인돌식물원까지는 480m, 다리 건너서 ❾ 강화지석묘공원까지는 200m 더 간다.

여행정보
- ⓟ 차를 가져간다면 하점면사무소 주차장이나 강화지석묘공원 주차장에 세워두면 좋다.
- ⓑ 대중교통을 이용한다면 하점면사무소부터 시작한다. 강화터미널에서 창후리, 외포리행 군내버스가 강화지석묘공원과 하점면사무소를 지난다.
- ⓘ 걷는 길 중간에는 하점면사무소와 하점천주교회 부근에 식당과 상점이 있다. 화장실은 하점면사무소, 오층석탑 주차장, 강화지석묘공원에 있다.

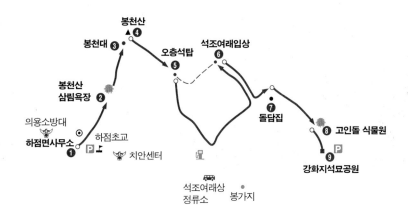

봉천산 ▲ **④**

봉천대 **③**

봉천산

오층석탑 **⑤**

석조여래입상 **⑥**

봉천산
삼림육장 **②**

의용소방대
하점면사무소 ①

하점초교

P

치안센터

돌담집 **⑦**

고인돌 식물원

⑧

⑨

강화지석묘공원

P

석조여래상
정류소

봉가지

부근리 점골
고인돌

봉천산 들머리의 삼림욕장. 싱싱한 소나무들과 호흡을 함께하다 보면 몸과 마음은 날아갈 듯 가볍다.

행복한 숲길 걷기와 게으른 산행

하점면에서 정성껏 가꾼 소나무 울창한 삼림욕장* 길을 걷다 보면 기분이 절로 상쾌해진다. 어울리지 않는 가로등을 산책로 끝까지 심어 놓아서 거치적거리는 걸 빼고는 소년처럼 싱싱한 소나무들과 호흡을 함께하다 보면 어느덧 몸과 마음은 날아갈 듯 가볍고, 중턱 샘터에 이른다. 키 크고 묵은 나무가 많은 숲길은 그 깊고 어두운 그늘 덕분에 사색에 잠겨서 걸을 수 있는 반면, 젊은 나무로 이루어진 숲길은 간간이 비껴드는 햇살을 즐기면서 흡사 실내악을 듣는 것과도 같은 가벼운 마음으로 걸을 수 있어서 좋다. 그리 길지는 않지만 봉천산 오르는 길이 바로 그런 즐거움을 선사하는 소나무 숲길이다.

제대로 된 샘터와 쉼터까지 있으니 봉천산은 비록 그 높이가 낮을 뿐이지 갖출 건 다 갖춘 산인 게 분명하다. 사철 마르지 않고 흐르는 봉천산 샘물은 그 물맛이 혈구산 동쪽 끝자락 '찬우물', 고려궁지 옆의 '왕자우물', 마니산 정수사의 '용우물', 강화산성 북문 고개 아래 '오읍약수'와 같은 강화 명수名水에 비해서 조금도 손색이 없다. 대체로 물이 귀한 것이 섬 사정인데 비해서 강화는 이렇게 좋은 물이 풍부한 것을 보면 예로부터 문화와 산업이 발전했으며, 연개소문과 같은 뛰어난 인물이 배출된 것도 다 까닭이 있었던 셈이다.

샘터를 지나 능선길로 접어들면 길은 뜻밖에도 가팔라지고 화강암 벼랑까지 펼쳐진다. 게으른 소처럼 길게 드러누운 형국의 봉천산을 절대 얕잡아 볼 수 없는 건 이 산 구석구석, 오밀조밀하게 갖추고 있는 나름대로의 얄은 매력과 눈 맞추는 즐거움이 있기 때문이다. 말끔한 화강암 바윗길에 올라서 남쪽으로 고려산이며 혈구산, 연개소문이 태어나서 자란 곳이라는 시루메봉 일대, 서쪽으로 별립산과 멀리 석모도 삼산과 교동도 화개산을 둘러보는 조망의 즐거움이란 결코 높은 산에 오르는 것이 능사가 아니라는 사실을 깨닫게 하니, 봉천산을 다시 찾게끔 만드는 행복에 다름 아니다.

더구나 북쪽으로 시선을 돌리면 한강과 임진강, 예성강이 한 물로 합쳐 바다를 이루는 장관이 바로 눈앞에 성큼 다가오니 봉천산은 직접 올라보고 나서야 새삼스럽게 그 진수에 주목하게 된다. 이 산 꼭대기에서는 눈을 가늘게 뜨고 시력을 집중하면 멀리 개성 송악산이며, 천마산도 보인다. 맑은 날 서울 남산 타워에서도 보이는 송악산인데 그보다 더 가까운 봉천산에서야 더 잘 보여야 당연한 일이다. 그래서 이 산은 북쪽에 고향을 두고 온 이들이 오르는 망향의 산이기도 하다. 일찍이 고려시대에 고향인 개성에 돌아가지 못하고 강화 땅에서 일생

*봉천산 삼림욕장

하점면사무소 주차장에서 봉천산 등산로를 따라서 오르면 중간에 거치는 곳이 바로 봉천산 삼림욕장이다. 건강지압보도와 쉼터, 체육시설이 갖추진 아담한 규모로 최근에 문을 열어 큰 나무는 없지만 완만한 소나무 숲길이 좋은 곳이다. 해발 291m인 봉천산 산행 후 차 한 잔 마시면서 쉬었다 가기에 딱 알맞다.

을 마친 이들의 사연을 안다면 봉천산 꼭대기에서 다가오는 21세기 망향의 정은 제법 익숙하면서도 각별할 수밖에 없다.

고려의 탑이 여기 있다

강화에서 부근리 고인돌에 들렀다가 봉천산을 찾는 대부분의 사람들은 남서쪽 하점면사무소에서 정상에 올랐다가 되내려간다. 따라서 서쪽 산자락에 있는 오층석탑이나 석조여래입상을 찾아가기란 그리 쉬운 일이 아니다. 그러나 일부러 다리품을 팔아서 가보면 그만큼 얻는 것도 있다. 사철 푸르게 우거진 세죽細竹 숲을 뒤에 두고 약간 삐딱하게 서 있는 오층석탑은 그냥 평범한 석탑일 뿐이다. 인터넷 뒤져보면 다 나오는 문화재 설명문 정도쯤이야 하는 마음으로 안내문을 주의 깊게 읽지 않을 수도 있다. 그러다 보면 일부 탑재를 잃고 지붕돌이 겹쳐진 채 불완전하게 남아 있는 석탑이 '보물 제10호'라는 게 의아할 뿐이다. 그러나 이 탑이 남한 땅에서는 찾아보기 드문 고려시대 유물이자 그것도 개성 봉은사지에서 옮겨다 놓은 것임을 알고 나면 보는 눈은 달라질 수밖에 없다. 개성 봉은사*라면 광종 2년951에 창건된 이래 태조 왕건의 진영을 봉안한 원찰로 고려 최고의 절, 이른바 국찰國刹이다. 고종 19년1232 몽골의 침입을 피해서 강화로 천도하면서 봉천산 일대에 개성에 있는 절과 똑같은 이름의 봉은사를 세웠다는 기록이 전하는데, 총탄 자국도 선명한 몸돌에 삐뚜름하게 서 있는 오층석탑이 그 유력한 증거다.

*봉은사와 봉천대

고려사 등의 기록에 1234년(고종 21) 강화로 피난 온 고종이 개성의 봉은사를 대신해 세운 절에 행차하여 연등회를 했고, 참지정사(參知政事) 차척(車倜)의 집을 강화 봉은사에 귀속시켰으며, 민가를 철거해 왕이 행차하는 연로(輦路)를 넓혔다는 기록이 전한다.
봉천대는 고려 후기에 평장사(平章事)로서 하음백(河陰伯)에 봉해진 봉천우(奉天佑)가 쌓았다는 설이 있다. 인천시 기념물 제18호인 봉천대는 고려 때에는 축리소(祝釐所)로 사용되었으며, 조선 인조(1633년) 때 이후 봉화대로 사용되었다. 봉은사가 언제 폐사되었는지는 전해지지 않는다.

　사실 강화로 천도한 고려 왕실은 최씨 무인정권의 강력한 비호 아래 개성에 있을 때와 똑같은 영화를 누렸다. 고려 땅이 몽골군의 말발굽 아래 짓밟히고 있을 때도 강화에는 여전히 해로를 통해서 갖가지 물품이 공급됐으며, 팔관회라든가 연등회가 열렸다는 기록을 통해서도 그와 같은 사실은 입증된다. 이 오층석탑 주변에도 절이 있었으며, 임금이 탄 가마가 드나들 수 있도록 올라오는 길을 넓혔다는 이야기가 전한다.

　바다를 굽어보던 거석문화시대의 중심지

　보물 제615호인 석조여래입상은 드물게 돌담으로 둘러싸인 전각 속에 들어 있다. 마을에서는 하음 봉씨 시조 설화와 관련된 노파의 석상으로 알려져 있으며, '석상각'이라는 현판과 나란히 하음 봉씨 출생과 관련된 노파의 이야기를 적은 안내문을 걸어두었다.

　불상은 팔과 손 부분의 섬세한 돋을새김이 눈길을 끄는데 얼굴은 비교적 둔중한 편이다. 특히 불신의 주위에 도드라진 두 줄 선으로 몸 광배와 머리

돌담 두른 집 지붕 용마루 끝에 양철 제비가 앉아 있다.

광배를 따로 표현한 점이 특징이며, 가장자리에 불
꽃무늬를 새겼다. 두 줄 사이에는 드문드문 둥근
구슬을 새겨 넣은 점 또한 특이하다. 하음 봉씨 종
친회의 주장과는 달리 석조여래입상은 오층석탑과
함께 고려시대 이 일대에 있었던 봉은사와 관련이
있는 것으로 보인다.

　석조여래입상에서 길을 되짚어 내려와 큰길에
서 왼쪽은 장정리 거쳐 화문석문화관*과 은암자연
사박물관 지나 승천포 고려고종 사적지까지 이어
지는 길이다. 5~6분쯤 가다 오른쪽으로 강화지석
묘로 접어드는 길목에서는 흡사 성처럼 돌담을 두
른 집 한 채가 발길을 멈추게 한다. 비록 녹슨 양철
지붕이기는 하지만 높이 세운 굴뚝과 더불어 강화
도의 전형적인 'ㅁ'자 집인데, 자세히 보면 지붕 용

*화문석문화관

강화도를 대표하는 특산물 중 하
나인 화문석의 모든 것을 알 수 있
는 곳이다. 제적봉 평화전망대 가
는 길목에 있으며, 전시실 외에
화문석을 직접 만들어보는 체험
학습 프로그램도 진행한다. 월요
일은 휴관이며, 예약 필수(032-
932-9922). 바로 옆에 은암자연
사박물관이 있다.

153

석조여래입상은 팔과 손 부분의 섬세한 돌을새김이 눈길을 끄는데 얼굴은 비교적 둔중한 편이다.

마루 양쪽 끝에 제비 두 마리를 장식으로 얹고 있
는 게 재미있다. 검붉게 녹슨 양철 제비는 지금이
라도 날아갈 듯 갈라진 꼬리 날개가 가볍기만 하
다. 대수롭지 않게 여기고 그냥 지나칠 수도 있겠
지만 행운의 박씨를 물어온 흥부전 속의 제비처럼
풍요로운 삶을 기원하는 소박함과 더불어 고된 일
상 속에서도 여유를 잃지 않는 농촌의 모습을 엿볼
수 있다면 가외의 소득이라 즐겁다.

봉천산 산자락인 석조여래입상에서 내려올 때
부터 이어지던 내리막길은 지질시대에 바닷물이
드나들었으리라 여겨지는 다송천 수로 일대에서
바닥을 이룬다. 다송천을 경계로 하여 강화지석묘
공원 일대 구릉지는 고려산 기슭에 포함되는 것이
니, 아직도 대지에 굳건히 서 있는 굄돌 위에 무려
80톤에 달하는 뚜껑돌을 얹고 있는 남한 최대의 고
인돌은 거석문화시대 이 땅의 중심지가 바로 이곳,
고려산과 봉천산을 아우르며 바다를 굽어보는 바
로 이 자리였음을 말없이 입증하고 있다.

고인돌식물원

하점면 장정리에 있는 고인돌식
물원은 강화지석묘공원에서 불과
3~4분 거리다. 자생식물, 수생식
물, 넝쿨식물원, 열대식물 및 분
재 전시장이 있으며, 고인돌 축조
재현, 청동기 문화체험 및 농경체
험 프로그램도 실시한다. 어린이
300명이 화분에 꽃을 심고 그림
그리기, 고구마심기 등 직접 체험
할 수 있는 학습장도 갖추고 있다.
문의 032-933-2491
www.i-goindol.com

산에도 머물지 않고
하늘에도 매이지 않아 자유롭다

고려시대 이래의 묘소 순례길

흰구름길은 진강산을 중심으로 하여 산기슭에
있는 고려시대 이래의 묘소를 순례하는 코스다.
허유전과 이규보, 고려 22대 강종의 비 원덕태후,
고려 21대 왕 희종, 고려 24대 원종의 비 순경태후와
마지막으로 정제두 묘소까지 둘러보고 하우고개를
넘으면 하루 해가 저문다. 이들은 강화학파의 태두이자
조선 최초로 양명학의 사상적 체계를 완성시킨 하곡
정제두를 제외하고는 모두 1168년에서 1323년 사이,
고려시대에 살았던 인물들이다. 특히 21대 희종은
폐위 후 두 번이나 강화로 추방되었다가 법천정사에서
최후를 맞이했다. 22대 강종은 개풍군에 후릉이 있는
반면 왕비인 원덕태후는 강화 곤릉, 24대 원종의 능침은
개풍군 소릉이나 왕비 순경태후는 강화 가릉으로
떨어져 있어 내우외환으로 시달리던 당시 고려 사회의
혼란상을 짐작해볼 수 있다.

흰구름길은 평화롭고 걷기 좋은 마을길을 지나간다.

09 진강산 흰구름길

19.44km, 5시간 20분

1. 불은면사무소 ~ 이규보묘(4.28km)

❶ 불은면사무소 소재지 사거리 갈림길에서 ❷ 허유전 묘까지는 왕복 1.8km 거리다. 사거리에서 84번 지방도 따라 남쪽으로 540m 가면 경기도호국교육원 갈림길에 이른다. 계속 84번 지방도 따라 1.97km 더 가면 에스오일 주유소가 나오고 여기서 오른쪽 갈림길이 이규보묘소로 향하는 길이다. 720m 가면 오른쪽으로 야트막한 구릉지대가 보이는데 바로 그 산기슭에 ❸ 이규보 묘소와 사당이 있다. 논 가운데로 콘크리트 포장된 농로가 150m쯤 이어진다.

2. 이규보묘 ~ 곤릉(3.53km)

이규보묘에서 농로 따라 나와 오른쪽 길을 택해서 1.11km 가면 큰길에 이른다. 여기서 곤릉 입구까지는 1.3km 거리다. ❹ 곤릉 입구에서 권능교회 지나 곤릉까지는 1.12km로 중간에 이정표가 여러 개 있어서 길 잃을 염려가 없다.

3. 곤릉 ~ 석릉(2.25km)

곤릉에서 내려와 큰길 따라 600m쯤 가면 어두리 석릉 버스 정류소에 이른다. 여기서 프란치스꼬 수도원을 지나는 마을길 따라서 1km쯤 가면 콘크리트로 포장된 마을길이 끊긴다. 왼쪽으로 샘이 하나 있으며, ❺ 석릉은 여기서 650m쯤 더 올라간다.

4. 석릉 ~ 가릉(5.35km)

석릉에서 어두마을 거쳐 1.3km 내려가면 큰길에 이른다. 여기서 300m 더 가면 인천가톨릭대 앞을 지나 530m 거리에 도장삼거리가 있다. 삼거리에서 오른쪽 길을 택해 1.46km 가면 조산초등학교를 지나고 670m 더 가면 예천군묘에 이른다. 여기서 탐재삼거리 지나 ❻ 가릉까지는 1.09km 거리다.

5. 가릉 ~ 양도초교(4.03km)

가릉에서 마을회관 지나 큰길 까지는 630m이며, 여기서 북쪽 양도면사무소까지는 750m 더 간다. 면사무소에서 길 따라서 720m 가면 ❼ 정제두묘가 바로 길 옆에 있다. ❽ 하우고개 넘어서 길 왼쪽으로 정제두 비가 있고 그 아래 ❾ 하우약수터와 화장실이 있다. 여기서 삼흥리 지나 ❿ 양도초등학교까지는 2.03km다.

여행정보

Ⓟ 차를 가져갈 경우 강화풍물시장 주차장에 세워두면 좋다.

Ⓑ 대중교통을 이용한다면 불은면사무소부터 시작한다. 불은면소재지까지 강화버스터미널에서 시내버스가 다닌다.

Ⓘ 걷는 길 중간에는 양도면소재지에 매점이나 음식점 등이 있다. 곤릉이나 석릉 올라가는 길은 산길이어서 사전에 식수와 간식, 도시락 등을 준비하는 것이 좋다. 강화역사관, 강화풍물시장, 내가면소재지와 외포리에 식당과 상점이 있다. 화장실은 이규보 사당 옆에 있다.

▲ 벽암산

불은면사무소
❶

건평리 입구
삼거리
❿ 양도초등학교

불은초교

❷
허유전묘

호국교육원입구
삼거리

삼흥1리
마을회관

• 경기도호국교육원
옥토끼우주센터

❸ 이규보묘

▲ 덕정산

하우고개

곤릉
❾ ❽
하우약수터

❹

❼ 정제두묘

석릉
❺

진강산

동광중교
양도면사무소

가릉
❻

인천가톨릭
대학교

탑재삼거리

조산초교

길정저수지

도장삼거리

후손의 꿈 덕분에 발견된 허유전묘.

660여 년 만에 빛 본 허유전묘

고려 말엽 명신인 허유전許有全, 1243~1323은 원종 말년에 문과에 급제하여 1307년 감찰대부 권수동지밀직사사 겸 과거를 감독하는 지공거를 역임했고, 1314년충숙왕 1 가락군에 봉해진 후 1321년에 수첨의찬성사를 거쳐 정승까지 지낸 인물이다. 그런데 김해 허씨 문중에서조차 허유전의 묘가 어디 있는지 모르다가, 1987년 23세 손인 허관구 씨의 현몽으로 660여 년 만에 발견했다는 신비로운 이야기가 전한다.

강원도 홍천 태생인 허관구 씨는 아내와 똑같은 꿈을 여러 번 꾸고 나서 오랜 기간 꿈을 해몽하고 발품을 판 덕분에 강화도에 이르러 땅 속에 묻혀 있던 '허유전묘'*라는 표석을 발견했다. 실전되었던 조상의 묘를 찾아서 발굴한 것은 1988년 6월이었는데 고려청자, 토기병, 송나라와 금나라 엽전 및 고려 유물이 많이 나왔으며, 땅속에 묻힌 채로 훼손되지 않아 고려시대 묘제 연구에도 크게 공헌하여 1995년 인천광역시기념물 제26호로 지정됐다.

불은면 소재지에서 다솔마을 지나 10분쯤 가면 '허유전묘 100m' 이정표가 나온다. 이곳을 지나면 바로 '허시중묘소입구許侍中墓所入口' 표석과 하마비가 반긴다. 길이 좁아서 차가 다닐 수 없다. 홍살문 지나서 재각이 보이고 길옆으로는 비석이 늘어서 있다. '화운문華雲門'이라는 솟을대문까지 제대로 갖췄으며, 문을 들어서면 담 너머로 묘소가 보인다. 허유전 묘소는 재실인 '두산재斗山齋'와 살림집이 함께 붙어 있는 구조다. 재실 경내에서 '신도문神道門'이라는 작은 문을 거쳐야 묘소로 들어선다.

*허유전묘

허유전(許有全 1243~1323, 고종30~충숙왕 10)은 고려 충숙왕 때에 명신으로 고려 원종 말년에 문과에 급제하고 충렬왕 때 밀직사사(密直司事)에 올라 지고거(知貢擧)를 겸했다. 그후 충숙왕 초에 가락군에 봉해지고 동왕 8년(1321)에 수첨의찬성사를 거쳐 정승에 올랐다.

1988년 6월 발굴 당시, 이 묘에서 고려 청자잔, 토기 병, 송~금대 엽전 등 많은 유물이 출토되어 고려시대 연구에 기여한 바가 컸다.

묘역은 3단으로 나뉘어 있다. 정사각형 호석 위로 봉분을 쌓았는데, 맨 위쪽에 봉분이 있고, 봉분 전면 중앙에 표석, 그 좌우에 문비석門扉石이 있으며, 표석은 사각기둥 형태다. 묘에서 10미터쯤 떨어진 곳에 새로 만든 상석과 향로석, 양석, 망주석과 묘표가 있다. 묘표에는 "고려문하시중가락군시충목허공지묘高麗門下侍中伽樂君諡忠穆許公之墓"라 써 있으며, 1989년에 세운 것이다. 묘역 우측 바위에는 '시묘유허侍墓遺址'라 새겨진 글자가 눈길을 끈다. 발굴과정에서 숯이 나온 것으로 보아 허유전 자식들이 시묘살이 했던 터로 추정되는 곳이다.

과거에 두 번 떨어진 천재 시인

두산재에서 길을 되짚어 내려와 고려시대의 대문장가 백운 이규보 묘소를 찾아가는 길은 두 갈래다. 하나는 84번 지방도를 따르다 백운곡 동쪽으로 들어서는 길이고, 또 하나는 경기도호국교육원 갈림길에서 곤릉 가는 길을 따르다 백운곡 서쪽으로

백운거사 이규보의 묘소(왼쪽)와 영정 그림이 보관되어 있는 있는 유영각(오른쪽).

해서 이규보 묘소까지 들어갔다 나오는 길이다. 84번 지방도 쪽이 돌아서 가기 때문에 더 멀어 보이지만 길을 되짚어 나가는 번거로움이 없기 때문에 곤릉 쪽 길에 비해서 400미터쯤 다리품을 덜 팔아도 된다.

고려시대 시인이자 문장가였던 백운거사 이규보李奎報, 1168~1241*는 시·거문고·술을 좋아하여 삼혹호선생三酷好先生으로도 불렸다. 훗날 다산 정약용으로부터 '문장이 동국의 으뜸'이라 칭송받았던 그는 이 땅의 한문학사에서 최고의 시인으로 꼽힌다. 문학적인 성취뿐 아니라 문학 장르의 폭넓은 활용으로 고려시대를 밝혀준 이상적인 교양인이었으며, 유불선을 넘나드는 폭넓은 정신세계는 한국지성사에서도 맞수를 찾기 어려운 위대한 문화인이라는 평가를 받기에 부족함이 없을 정도다.

이규보는 9세 때부터 중국의 고전들을 두루 읽고 글재주가 탁월한 신동이었다. 그러나 시를 잘 짓는 천재라 해도 15세 때 과거에 실패했고, 19세 때 다시 떨어지고 말았으니 이른바 '삼수생'인 셈이다. 이러한 이규보의 실패는 자라면서 술과 시를 좋아하고 친구들과 어울려 다니기 좋아해서, 딱딱한 과거시험에 맞는 문장을 익히는 데 게을렀기 때문인 것으로 보인다. 이규보가 과거에 급제한 것은 22세 때이며, 그간의 실패를 거울삼아 사마시에 당당히 수석으로 합격했다.

당시는 무인이 판치던 시대인지라 '수석 합격생'임에도 불구하고 이규보는 바로 벼슬길에 오르지 못하고 가난에 시달리면서 10여 년 세월을 보내야 했다. 24세 때 부모님이 돌아가시자, 이규보는 개경의 천마산에 들어가 시와 글

이규보의 별장 사가재(왼쪽)와 그 위쪽에 있는 백운정사(오른쪽).

을 지으며 보냈는데 이때 '백운거사'라는 호를 얻
었다. 개경으로 돌아온 이규보는 〈구삼국사〉를 구
해 읽고 난 뒤 우리 나라 최초의 서사시인 〈동명왕
편〉을 썼다. 〈동명왕편〉은 고구려의 시조인 주몽의
탄생에서 건국까지를 기록한 시로서 이후 몽골의
침략으로 시달리던 사람들에게 민족정신을 불러일
으켰다. 〈동명왕편〉은 오늘날 〈삼국유사〉, 〈제왕운
기〉와 더불어 우리나라 신화 연구에 중요한 자료
로 꼽힌다.

"글로써 나라를 빛낸다"
이규보의 뛰어난 문재를 알아본 이는 최충헌이
었다. 초청시회에서 최충헌을 칭송하는 시를 짓고
나서 비로소 이규보는 전주목이라는 벼슬길에 올
랐으나 그마저 부임 1년 4개월 만에 동료들의 비방
으로 면직되고 말았다. 무신정권기라는 혼돈기에
서 이규보는 등용과 좌천을 반복하다가 최이에 의
해 다시 등용돼 고위 관리가 될 수 있었다. 특히 원
나라의 침략이 본격화 되면서 몽골에 대한 외교문
서 작성을 전담함으로써 비교적 평탄한 말년을 보

*백운거사 이규보와 불교
이규보는 당대의 고승들과 교유,
불교에 대한 폭넓은 이해를 추구
했으며, 400수가 넘는 불교시를
남기기도 했다. 특히 청평거사 이
자현과 더불어 고려의 양대 거
사라고 일컬어지기도 하는 그는
선·능엄·화엄·법화 등 불교의
다방면에 조예가 깊었을 뿐 아니
라 아들을 출가시키기도 했다. 임
종을 앞두고는 서쪽을 향해 옷을
갈아입고 세상을 떠났을 정도로
불교에 심취했던 인물이 바로 백
운거사 이규보다.

곤릉은 고려 22대 강종의 비 원덕태후를 모신 곳이다.

냈는데, 71세 때는 왕명을 받아 팔만대장경의 '대장경각판 군신기고문'을 짓기도 했다.

이규보의 호를 딴 마을 '백운곡'에 들어서면 누구라도 아늑하고 평화로운 느낌에 사로잡힌다. 앞산과 뒷산 줄기가 적당히 야트막하고, 느릿하게 흐르는 시간과 더불어 뒷산을 병풍 삼아 거기 하늘의 구름처럼 자유롭고도 걸출했던 시인 백운거사의 묘가 있다. 1967년 단장된 묘소 서쪽 유영각에 들어서면 관복 차림에 의자에 앉아 있는 모습의 그를 만날 수 있다.

기록에 의존해서 후세 화가의 상상력으로 그린 영정이라서 그런지 '시인'보다는 '무인'에 가까운 얼굴이다. 바로 옆에 걸어놓은 문화관광부 선정 '이달의 인물' 포스터2005년 8월 속에도 똑같은 영정 그림이 들어있지만 호방하고도 자유로웠으며, "산에도 머물지 않고 하늘에도 매이지 않으며, 나부껴 동서로 떠 다녀 그 형적이 구애받은 바 없는" 흰구름과도 같았던 백운거사 이규보의 영혼을 액자 속의 그림에 가두어둔다는 것은 너무도 형식적이라 어리석은 일처럼 보인다. 단지 포스터에서 쓸만한 건 '이문화국以文華國', 장기간 전란에 시달리는 와중에서도 '글로써 나라를 빛냈다'는 네 글자뿐이다.

묘소 아래쪽의 묘표와 비석, 문학비 등을 둘러보고 나서 발길은 자연스레 그 옆의 사가재四可齋와 그 위쪽에 있는 '백운정사白雲精舍'로 향한다. 원래 사가재는 개성 서쪽에 있던 이규보의 별장인데, "밭이 있으니 갈아 식량을 마련하기에 적합하고, 뽕나무가 있으니 누에를 쳐 옷을 마련하기에 적합하고, 샘이 있으니 물을 마시기에 적합하고, 나무가 있으니 땔감을 마련하기에 적합하다"고 하여 사가四可재였다.

왕은 개경에, 왕비는 강화에 묻힌 사연

이규보 묘소를 뒤로 하고 백운곡에서 나와 곤릉으로 향하는 길에 왼쪽으로 멀리 정족산과 마니산을 배경으로 넓게 펼쳐진 수면이 눈길을 끈다. 바로 길정저수지*인데 시간이 되면 한 바퀴 돌아볼 만하다.

큰길에서 20~30분 정도 더 들어가야 하는 곤릉坤陵**은 사람들의 발길이 뜸한 편이다. 산 중턱에 있는 묘소까지 올라갔다가 길을 되짚어 내려와야 하는 번거로움도 곤릉을 찾아가는 이들이 별로 없는 데 한몫 한다. 곤릉 버스정류장 맞은편에 높이 세운 안내판에는 곤릉까지 750미터라고 적혀 있지만 실제로는 1킬로미터가 넘는다. 길정리 마을회관과 권능교회 지나서 오른쪽으로 갈라지는 길이 곤릉 진입로다. 여기서 왼쪽으로 곧장 올라가는 아스팔트길은 해병대의 '진강산제병협동훈련장'으로 향한다. 곤릉 진입로에 있는 안내판에는 큰길에 있는 것과 마찬가지로 곤릉까지 750미터라고 적혀

있는데 사실은 여기서부터 500미터쯤 되는 거리다. 농가 몇 채를 지나면 산모퉁이에 '곤릉 300m' 이정표가 나오고 이어서 모퉁이 하나를 더 돌면 '200m', 마지막 모퉁이에서는 '150m' 이정표, 이렇게 이정표 세 개가 친절하게 길손을 반긴다. 마지막 150미터가 가파른 길이다.

곤릉은 고려 22대 강종의 비 원덕태후를 모신 곳인데, 강종의 묘는 황해북도 개풍군 후릉이니 다른 왕들처럼 부부가 한 곳에 묻히지 못한 사연이 궁금해진다. 무신의 난 이후 1173년에 세자로 책봉된 강종은 1197년 부왕인 명종과 함께 강화도로 13년 동안 유배당했다가 1210년에 개경으로 소환된 후 왕위에 올랐다. 그러나 1211년부터 1213년까지 2년밖에 재위하지 못한 단명한 왕이다. 한편 23대 고종의 어머니이기도 한 원덕태후는 1213년 남편 강종을 개경에 묻고 난 후 몽골의 침입에 대항하여 강화로 천도한 고려의 망명정부와 더불어 강화에서 살다가 숨을 거뒀고, 그래서 진강산 기슭인 이곳 곤릉에 묻혔을 가능성이 크다. 1259년에 죽은 고종 역시 개경으로 가지 못하고 고려

산 기슭 홍릉에 묻힌 사실에서도 강종과 원덕태후의 능이 서로 다른 곳에 있을 수밖에 없었던 특수한 상황이 설명된다.

두 번 유배 끝에 진강산에 묻힌 왕, 희종

고종의 할아버지인 21대 희종의 능 역시 강화에 있는데, 진강산 기슭 석릉碩陵*이다. 희종은 최씨 무인정권에게 왕위를 빼앗긴 후 1211년 강화로 추방됐다가 자란도까지 유배당한 후 1219년 개경으로 돌아왔지만 1227년에 다시 강화로 추방당했으며, 1237년 용유도 법천정사에서 최후를 맞이했다.

재위 기간은 1204년부터 1211년까지 7년, 내시 왕준명 등과 함께 최충헌을 제거하려다 오히려 폐

*석릉

사적 제369호. 고려 21대 희종 (1181~1237)의 능. 희종은 1204년에 즉위했으나, 권신 최충헌을 제거하려다 실패했다. 1211년 강화도 교동으로 유배되었고, 1237년 용유도에서 죽어 이곳 석릉에 안장되었다. 이 능은 남한에 남은 5기의 고려 왕, 왕비 능 중 하나로, 능묘 조성 당시에는 문인석·무인석 등 각종 석조물이 있었다.

위 당했고, 개경으로 돌아왔다가 1227년에는 최충헌의 아들 최우가 집권하면서 다시금 강화도, 교동도, 용유도를 전전하는 귀양 생활을 했으니, 무인정권 100년 기간 동안 19대 명종부터 24대 원종에 이르기까지 여섯 고려왕은 왕이 아니었던 셈이다.

어두리 마을 마지막 농가에서 산길 따라 650미터 더 올라가야 하는 석릉은 곤릉보다 더 사람들의 발길이 뜸하다. 일단 어두리 석릉 버스정류장에서 프란치스꼬 수도원 지나 마을길 따라서 1킬로미터쯤 발품을 팔면 석릉 올라가는 산길 들머리에 이르는데 자동차는 여기까지 올라올 수 있다. 곤릉이나 석릉에 비해서 내리에 있는 가릉은 접근하기 가장 편하며, 진강산 정상 일대가 올려다 보이는 양지바른 산기슭에 있어서 비교적 아늑해 보이는 위치다.

가릉은 고려 24대 원종의 왕비인 순경태후가 묻힌 곳으로 1974년 발굴 이후, 최근에 새로 단장하면서 봉분 지하 전면에 유리문을 달아서 내부를 들여다 볼 수 있게 만든 점이 특이하다. 남편 원종이 개경 소릉에 묻혔으니, 곤릉의 원덕태후와 마찬가지로 순경태후 역시 대몽항쟁기에 강화에서 삶을 마쳤으리라는 추측이 가능하다. 태자 시절인 1259년 원나라에 볼모로 가 있던 원종이 즉위한 해는 1260년이며, 개경으로의 환도는 1270년에 이뤄졌으니, 순경태후가 가릉에 모셔진 시기는 바로 이 10년 사이일 가능성이 높다. 그렇지 않고 원종과 함께 개경으로 환도했다면 진강산 기슭에 묻혔을 리 없는 일이기 때문이다.

사적 제370호인 가릉은 양도면 길정리 원덕왕후의 곤릉과 함께 남한지역에 남아 있는 단 2기의 고려왕비릉으로 고려 후기의 왕실묘제를 따라 각종 석조물이 조성되었으나 거의 파괴되어 지금은 석수와 문무인석 두 쌍과 표석만 남아 있다.

가릉 위쪽으로 불과 70미터 떨어진 곳에는 지난 2008년 복원된 능내리 석실분*이 있다. 고려시대 지배계급의 묘소로서 강화 천도 시기인 1232년부터 1270년 사이에 조성된 것으로 추정된다. 내리 마을에서 가릉과 능내리 석실분으로 이어지는 길은 진강산 등산로의 들머리에 해당되기 때문에 주차장과 안내판 외에 길도 잘 정비돼 있어서 사람들이 쉽게 찾아갈 수 있다.

첫눈에 범상치 않은 기운이 느껴지는 정제두 묘소.

정제두의 양명학 사상에서 비롯된 '강화학파'

고려시대의 곤릉과 석릉, 가릉을 뒤로 하고 양도면 하일리 하우고개로 발길을 옮기다 보면 '강화학파'의 태두 하곡 정제두鄭齊斗, 1649~1736 묘소가 바로 길가에 있으니, 답사 여행길은 고려에서 훌쩍 뛰어넘어 조선시대로 접어드는 셈이다. 따로 안내판을 달아놓지 않았더라도 첫눈에 범상치 않은 기운이 느껴질 만큼 하곡 묘소는 주변의 노송과 더불어 봉분이 들어선 자리와 모양이 특이하다.

고려 충신 포은 정몽주의 11세 손인 정제두는 원래 서울 사람으로 안산 가래울[楸谷]에 서실을 짓고 학문에 몰두하며 60세까지 살았다. 30대까지만 해도 질병 때문에 관직을 맡을 형편이 못 됐으며, 그 후에도 벼슬에 뜻이 없어서 50대 말까지 여러 차례 관직을 받았으나 모두 거절한 채 오직 학문에만 정

*능내리 석실분

인천광역시기념물 제28호. 강화군 양도면 능내리 16-1 가릉 바로 위쪽에 있다. 석실의 크기가 남북방향 270cm, 폭 195cm 이며, 직사각형을 이루고 있다. 석실 내부는 화강암을 잘 다듬어 쌓았고 고분 앞 양편에는 망주석으로 추정되는 사각의 석주가 남아 있다. 석주의 3면에는 내용을 알 수 없는 문양이 양각되어 있는데, 형태와 내용으로 보아 고려시대 지배계층의 분묘로 추정된다.

169

가릉 주변을 둘러싼 돌난간과 장식.
고려시대의 석상은 조선시대 것보다 정교하지 않지만 소박하고 솔직한 표현이 특징이다.

진하던 그가 강화군 양도면 하일리로 이사 온 것은 61세 때. 선조의 묘가 있는 곳이기도 했지만 당시 자신과 가까운 소론少論들이 정치적으로 어려움을 당했으며, 장손의 병사로 인한 충격이 컸기 때문이었다.

하곡은 88세까지 강화에 살면서 양명학 연구와 왕성한 저술 활동을 펼쳤는데, 이광사, 이광려, 신대우, 심육, 윤순 등이 중심이 되어 형성된 '강화학파'가 200여 년 동안 이어졌다. '강화학파'는 구한말 영재 이건창과 위당 정인보, 단재 신채호, 백암 박은식, 창강 김택영에 이르러 꽃을 피웠고, 지난 2008년 9월 강화에서는 정제두 사후 272년 만에 처음으로 하곡의 대중적인 복권을 위한 행사로서 '하곡제'가 열리기도 했다.

정제두는 실리 중심의 실용실학과 달리 참된 마음을 강조하는 실심실학을 주창한 인물로, 이긍익의 '연려실기술', 유희의 '언문지' 등은 하곡 학파들이 남긴 저술이다. 국학자인 정인보1893~1950의 사상도 하곡의 양명학에 그 뿌리를 두고 있다. 주자학 중심의 당시 조선 사회에서 양명학은 '사문난적'이라는 이단으로 몰렸고, 일제 강점기 때는 정제두의 양명학 사상을 계승한 국학 운동가들이 정치적, 학문적 탄압을 받기도 했다.

정제두묘

인천광역시 기념물 제56호. 강화군 양도면 하일리 산 62-6, 하우고개 넘어가는 길목에 있다. 앞에 있는 묘는 아버지 정상징과 한산 이씨 합장묘이며, 정제두의 묘는 뒤에 있다.

하곡 정제두는 강화학파의 태두로 숙종 때 회양부사·한성부윤, 경종 때 대사헌, 이조참판을 잠깐씩 지냈을 뿐 평생을 학문 연구에 바쳤다. 특히 이론에만 치우친 주자학을 배척했고, 지식과 행동의 통일을 주장하는 양명학에 심취되어 이를 연구 발전시켜 우리나라 최초로 양명학의 사상적 체계를 완성한 인물이다.

반세기 전만해도
이 땅 전체가 바다였다

섬쌀 나는 간척지 평야 길

온수리는 삼랑성이 생기기 전부터도 사람들이 살았으리라 여겨지는 아주 오래된 마을이다. 1906년에 세워진 성공회 온수리성당을 중심으로 해서 전등사로 가는 좁은 길을 더듬다 보면 장터쯤에서 '열쇠왕 할아버지'나 동막리 살다 이사 온 함민복 시인과 마주칠지도 모른다. 길상낚시터로 더 잘 알려진 장흥 제1저수지로 가는 길옆으로는 새길 내는 공사가 한창이다. 길상낚시터에서는 저수지 둑을 지나 수로 따라 가는 길이 걷기 편하다. 백로들의 새로운 서식지가 된 장흥 제2저수지 주변 야산을 오른쪽으로 끼고 걷다 보면 왼쪽으로는 간척지 평야가 아득히 펼쳐진다. 선두포와 황산도 갈림길인 섬안교를 건너면 일직선으로 소황산도까지 뻗은 방조제 길이 시작된다. 소황산도 주차장에는 바닷가 쪽으로 잡초 무성한 자투리땅이 발길을 유혹한다. 이리저리 거닐다 보면 구름 사이로 쏟아지는 햇살이 정족산에 꽂히는 장관을 볼 수도 있다.

한때 바다였던 곳에서 지금은 쌀을 거두어 들인다.

10 황산도길
11.02km, 2시간 45분

1. 성공회 온수리성당 ~ 장흥 제1저수지(3.11km)
길상면 주민자치센터 뒤에 있는 ❶ 성공회 온수리성당에서 온수사거리까지는 220m, 여기서 ❷ 길상초교 지나 전등사 진입로까지는 670m 더 간다. 온수읍내를 빠져나와 ❸ 전등사 동문과 남문 주차장 지나서 930m 가면 ❹ 장흥리 갈림길에 이른다. 여기서 장흥 제1저수지(길상낚시터)는 왼쪽 길을 택해 오리온금속연수원 지나 1.29km 더 간다.

2. 장흥 제1저수지 ~ 섬안교(2.65km)
❺ 장흥 제1저수지(길상낚시터)에서 저수지 둑길로 200m 간 후 제2저수지로 이어지는 수로 따라서 800m쯤 가면 ❻ 장흥교를 지나 ❼ 강화온천스파월드와 청소년수련원에 이른다. 이곳을 지나 길 따라서 850m 가면 ❽ 장흥 제2저수지가 끝난다. 산자락을 오른쪽으로 끼고 800m쯤 더 가면 감나무숲 팬션과 매점 지나 ❾ 섬안교에 이른다.

3. 섬안교 ~ 소황산도 주차장(1.3km)
섬안교 건너 방조제 위로 곧게 뻗은 해안순환도로는 소황산도까지 이어진다. 삼거리 갈림길인 여기서 오른쪽은 분오리돈대, 왼쪽은 소황산도와 초지진 방향으로 가는 길이다. 일직선 길 오른쪽으로는 갯벌이 아득하게 펼쳐져 있다. 1.3km 가면 방조제길이 끝나고 ❿ 소황산도 주차장에 이른다.

4. 소황산도 주차장 ~ 황산도 선착장(2km)
소황산도 길가 주차장을 지나 300m 가면 황산도로 접어드는 갈림길과 만난다. 오른쪽 방조제 길로 300m쯤 가면 황산도 어시장 주차장이고, 여기서 1.4km 더 가면 활어회센터가 있는 ⓫ 황산도 북쪽 선착장에 이른다.

5. 황산도 선착장 ~ 초지진(1.96km)
선착장에서 바닷가 길 따라 870m 가면 소황산도와 이어지는 방조제 건너 해안순환도로에 올라선다. 450m 더 가면 초지대교 갈림길에 이르고, 곧바로 640m 가면 ⓬ 초지진 주차장(유료)이다.

여행정보

- ⓟ 차를 가져간다면 강화풍물시장 주차장에 세워두면 좋다.

- ⓑ 대중교통을 이용한다면 강화시외버스터미널부터 시작한다. 터미널에서 온수리까지 시내버스가 다닌다. 초지진에서는 해안순환도로를 운행하는 시내버스를 타고 읍내까지 갈 수 있다.

- ⓘ 걷는 길 중간에는 매점이나 음식점을 거의 찾아볼 수 없다. 온수리 읍내에 식당과 상점이 있으며, 장흥 제2저수지 부근, 황산도, 초지진에는 매점과 화장실이 있다.

성공회
온수리성당 📧
① 🚶 ⦿ 길상면 주민자치센터

길상초교 ② ⛰️ ● 전등사 입구

전등사
🏯   Ⓟ ③ 전등사 주차장
🏛️
삼랑성   ④ 장흥리 갈림길

        ⑤ ○ 장흥 제1저수지
        강화청소년 수련원
장흥교 ⑥ ♨️ ⑦ 강화온천스파월드
        ⑧ 장흥 제2저수지

🌸
화랑공원   🏣
        영일목장
▲
길상산   ⑨ 섬안교

초지삼거리 ●

Ⓜ ● ● 초지활어회마을
🏯   초지대교
Ⓟ ⑫ 초지진

초지대교 삼거리 ●

        ⑪ 황산도 북쪽
          선착장

        황산도
산업교육원 ●   활어회마을

    Ⓟ ⑩ 소황산도 주차장

함상공원 ⛵
⚓
대명항

한옥의 아름다움을 살려서 지은 성공회 온수리성당은 100년도 넘은 건물이다.

소박하고 친근한 느낌 드는 성공회 온수리성당

온수리는 전등사 덕분에 몰라보게 발전했다. 신호등 달린 4차선 도로까지 생겼으며, 관광호텔도 두 개씩이나 들어섰으니 말이다. 차 두 대가 비껴 다니기 곤란할 정도로 좁은 구길과 그 사이 골목길로 이어지는 오래된 집들을 사정없이 뒤편으로 내팽개치고, 큰길 따라서 몸집 불려나가는 온수리는 이제 옛날의 그 온수리가 아니다. 게다가 한옥에 외삼문 종루가 인상적인 성공회 온수리성당* 옆으로 지난 2004년 세워진 몇 배 더 큰 현대식 성당 건물은 순간적으로 길손의 눈을 당황스럽게 만든다. 한옥의 아름다움을 살려서 지었으며, 100년도 넘어 더없이 친근한 느낌이 드는 건물 '성안드레성당'은 이제 교회역사관으로 밀려나 있을 뿐이다. 옛 성당 바로 아래 외삼문 바깥에는 잔뜩 몸을 낮춘 한옥 한 채가 있다. '성안드레성당'을 만들 당시 함께 지은 사제관이다.

시대가 변하면 사람들의 눈도 변하는 것일까. 한복보다는 양복이 편하고,

한옥보다는 아파트가 편한 21세기 사람들에게 '성
안드레성당'은 그렇게 불편한 건물이었을까. 애초
에 백두산 적송을 가져와서 세운 강화 성당과는 달
리 온수리성당은 평신도들이 나서서 뒷산 소나무
를 베어 기둥과 서까래를 삼았으며, 온수리 흙으로
기와를 직접 구워서 올렸고, 유명한 도편수 솜씨가
아니라 교인들이 직접 지었다는 사연을 간직하고
있다. 아마도 그러한 내력 때문에 강화성당보다 온
수리성당 건물이 더 한국적이며, 소박하고 친근한
느낌이 드는 건지도 모른다.

　그렇게 이리저리 살피다 보니 서울 성공회 성당
을 베낀 새 건물보다는 오히려 주차장을 겸한 교회
마당 한쪽에 버려지듯, 빛바랜 붉은색 양철지붕을
얹은 건물 한 채가 눈길을 끈다. 성당 부속 유치원
사무실 건물인데 1936년에 봉헌했다는 패가 걸려
있다.

*성공회 온수리성당

강화군 길상면 온수리 505번지에
있다. 1906년 영국인 마가 신부
가 지은 것으로, '성안드레 성당'
으로도 불린다. 건물은 예배를 보
는 본당과 종을 달아놓는 2층의
종루로 구성되어 있으며, 지붕은
옆면에서 볼 때, 여덟 팔(八)자 모
양과 비슷한 팔작지붕을 올리고
있다. 본당의 내부는 예배공간인
신랑(身廊)과 측랑(側廊)으로 구
성돼 있으며, 종루 건물이 대문을
겸하고 있다. 한국식 목조 기와집
으로, 근대 서양의 양식과 한국적
요소가 더해진 특수한 양식을 볼
수 있다.

　함민복 시인과 온수리 장터 '열쇠왕'

　온수리라는 동네는 그리 넓지 않기 때문에 어차
피 장터를 지나게 된다. 2, 7일 장인 강화읍 장날과
는 달리 온수리장은 4, 9일 장이다. 닷새마다 장이
서는 날 강화읍이나 온수리 장터에 어김없이 나타
나는 할아버지가 있었다. '열쇠왕'이라고 쓴 노란
금박지 왕관이 바로 그 할아버지의 간판이었다. 동
막리 살던 함민복 시인이 강화읍 장이나 온수리 장
에서 간간이 만나던 그를 어느 해 겨울 온수리 장
에서 만난 후 쓴 시가 바로 〈열쇠왕〉이다.

닷새마다 장이 서는 날 강화읍이나 온수리 장터에 활기가 깃든다.

머리에 종이 금관

금관에 열쇠왕이란 글자

주먹코안경

열쇠 자물쇠 주렁주렁 달린 조끼 벗고

겨울바람 피해 농협현금자동지급기 코너에서

콜라에 빵을 먹고 있는 할아버지

온수리 장날은 헐겁고

할아버지는 수많은 열쇠를 깎아 무엇을 열었을까

(후략)

그러나 주먹코 안경에 열쇠 주렁주렁 달린 조끼를 입고 강화 장날마다 쩔 렁거리며 나타나던 그가 안 보인 지는 벌써 몇 해가 됐으니, 이제 '열쇠왕 할 아버지'는 시로나 남아 있을 뿐이다.

온수리 장터에서 사거리 지나 길상초등학교 앞으로 이어지는 오래된 길은 사람 냄새가 나서 좋다. 문을 닫은 지 꽤 오래 돼 보이거나 손님 없어도 그냥

178

열어놓은 듯 하거나, 낡은 간판을 걸었거나 또는 리모델링한 지 얼마 안 돼서 페인트 냄새가 날 것 같은 그러그러한 가게들이 늘어서 있는 거리는 흡사 30년 전, 또는 40년 전으로 되돌아 간 듯 어느덧 긴장이 풀리면서 마음이 푸근해진다.

그렇게 느릿하게 이어지는 길이 줄지어 오가는 차들로 분주한 전등사 가는 길과 만나면서 풍경은 느닷없이 바뀌고 만다. 언제부터인지 삼랑성 동문 진입로 어귀에는 서울의 무슨 유명한 입시학원이 차린 기숙학원이 들어서 있고, 대형 관광버스들이 빽빽이 들어선 남문 주차장 부근에는 온통 유리로 바른 관광호텔이 버티고 있다. 어쨌든 온수리를 뒤로 하고 장흥리 갈림길 지나 길상낚시터 가는 길에나 접어들어야 질주하는 자동차들로부터 겨우 자유로워진다.

온수리 99칸 고택
우일각(羽日閣)

약 100년 정도 된 이 집은 김영백이 지은 조선 전통양식의 기와집이다. 화강암으로 축대를 쌓았으며 머슴방과 객실이 첫 대문 좌우에 있고, 둘째 대문으로 들어서면 정원을 지나 내당으로 들 게 되어 있는 구조다. 집의 뒤뜰에는 통로로 연결된 별채의 응접실이 마련되어 있어 이채롭다.

집 앞에는 연못이 있고 그 가운데는 대리석으로 만든 '井'자 형태의 낚시터도 있다. 예전에는 연못 옆에 조금 규모가 작은 비슷한 건물이 있었으나 현재는 파괴되었다고 전한다. 강화도에는 3개의 99칸 고택이 있었으나 몇 년 전 화재로 소실되고 마지막으로 김영백 고택만 남아 있다.

후투티새 날아오는 저수지길

지도상에는 장흥 제1저수지로 불리는 이곳이 언제부터 길상낚시터가 됐는지 알 수 없지만 원형의 낚시터 전용 저수지와 이보다 훨씬 큰 저수지가 구분되어 있는데, 어차피 둘 다 유료낚시터로 사용되는 건 마찬가지다. 장흥 제1저수지로 보이는 큰 저수지 둑에도 커다랗게 '길상낚시터'라는 입간판을 세워 놓다 보니, 저수지가 아니라 그냥 길상낚시터로 부르는 게 대세로 굳어진 듯하다. 낚시터 주변은 온통 산을 깎고, 논을 메워서 새로운 길 내는 공사로 어수선하다. 초지대교 삼거리에서 이어지는 4차선 국도가 될 텐데, 아무래도 국도를 이리저리

꽃과 나무와 새들이 반겨 주는 장흥 저수지길.

피하다 보면 걷는 길이 없어지거나, 없어지지는 않더라도 최소한 불편해질 것은 불 보듯 뻔한 사실이다.

길상낚시터 주위로는 가끔 머리 깃이 멋진 후투티새가 날아오기도 한다. 여기서부터는 저수지 둑을 가로질러 장흥 제2저수지로 흘러드는 수로 따라서 걷는 길이 좋다. 메타세쿼이아 나무를 촘촘히 심어 놓은 곳을 지나면 바로 강화온천스파월드 앞 다리에 이른다. 이곳으로는 초지진에서 장흥리 넘어가는 길이 지나는데, 다리 건너서 왼쪽 길을 택해야 장흥 제1저수지 쪽으로 갈 수 있다.

소황산도 방조제는 섬안교부터 시작된다. 방조제 위로 1킬로미터 남짓한 해안순환도로가 뚫려 있고, 그 옆으로 자전거도로가 있어 걷는 데는 무리가 없다. 그러나 갯벌 구경에 별로 관심이 없다면 방조제 안쪽, 농로를 따라 걷는 방법도 있다. 농로 한 가운데 모정도 있어 여름철 소나기를 피하기 안성맞춤이다. 어느 길로 걷든 소황산도 주차장은 꼭 한번 들러볼 일이다. 나무로 쳐놓은 울타리 넘어서 잡초 무성한 자투리 땅 끝까지 가면 넓게 펼쳐진 갯벌과 더

붙어 초지대교와 황산도[*], 멀리 동검도와 영종대교가 한눈에 들어오고, 서쪽으로는 이제껏 걸어온 방조제길과 멀리 정족산이 보인다.

간척지에 묻혀버린 섬 소황산도

프랑스와 미국, 일본 함대가 거쳐 간 곳이 바로 이 황산도 앞바다였으며, 초지진 돈대 성벽이나 소나무에 남은 포탄 자국은 지금의 초지대교와 황산도 부근 어디쯤의 바다에서 쐈을 거라고 보는 게 정확하다. 특히 1871년 6월 10일 미국 함대는 현대식 소총으로 무장한 해병대원 644명을 초지진에 상륙시켜서 조선군을 순식간에 제압했다. 적군이 해로가 아닌 육로를 통해서 쳐들어오자 돈대에서 대포에 포탄을 장전한 채 적함이 지나가기만을

*황산도

강화군 길상면 초지리에 딸린 섬. 면적 0.34㎢. 해안선 길이 2.24km. 초지리 간척지와 김포시 대곶면 약암리 사이, 강화도 남쪽 6km 지점의 수로 상에 있었으나 1988년 간석지를 매립하여 현재는 강화도와 합쳐졌다. 농업과 어업이 행해지나 주민은 대부분 어업에 종사한다.

소황산도는 1962년 간석지 매립 공사로 육지화 되어 60ha의 농경지가 형성 되었으며, 해안선 따라서 순환도로가 생겼다.

황산도 앞바다에는 배가 한가롭고 포구에는 배 모양 회센터가 손님을 부른다.

잔뜩 노리고 있던 덕진진과 광성보의 조선군은 뒤통수를 맞은 격으로 속수무책 당할 수밖에 없었다. 결과는 참혹했다. 단 이틀 만에 어재연 장군 이하 350명의 조선군이 모두 전사한 데다, 장수를 상징하는 '수帥'자기까지 빼앗기고 말았다. 미군의 전사자는 단 3명. 활과 화살, 칼로 무장한 조선군이 최후에는 돌과 흙을 던지며 저항하다 사살됐으며, 팔다리가 잘린 병사가 투항하지 않고 끝까지 싸우다 죽는 것을 본 미군들은 전투에서 이겼음에도 자신들의 승리가 그다지 명예롭지 못하다는 것을 기록에 남기고 있다.

초지대교

인천광역시 강화군 길상면 초지리와 경기도 김포시 대곶면 약암리를 잇는 길이 1.2km, 폭 17.6m의 아치형 다리로 12개의 교각이 받치고 있다. 이 다리가 2002년에 개통됨으로써 서울특별시 강서구와 경기도 부천시, 김포시 등 수도권 서부지역에서 기존의 강화대교를 이용하는 것보다 차로 30여 분 빨리 강화도에 도착할 수 있게 되었고, 강화도에서 인천까지는 출퇴근이 가능한 1시간대로 교통이 편리해졌다.

초지진과 소황산도를 방조제로 연결한 것은 1962년 무렵, 그로 인해 장흥리 일대에 광활한 간척지가 생겼으며, 이 땅의 소금기를 씻어내기 위해 조성한 게 장흥 제1, 2저수지였다. 그리고 40여 년이 지난 지금, 간척지를 일궈 만든 논에서는 강화가 자랑하는 '섬쌀'이 난다. 지난 2002년에는 초지대교가 개통되면서 초지진 일대와 황산도, 소황산도 일대가 새로운 명소로 급부상하고 있다.

소황산도에서 황산도 포구까지 들어갔다가 초지진 가는 길은 해질녘이 가장 아름답다. 멀리 장흥리 들판 끝자락으로 길상산과 정족산이 보이고 그 위로 해가 넘어갈 무렵, 염하의 물은 차오르기 시작하고 가로수 그림자 길게 드리워지는 시간이라면 더욱 좋다. 황금 햇살이 쏟아지는 길 위에서 멈춰버린 시간은 자디잔 입자들로 부서지고, 초지진 성벽이 신기루처럼 떠오른 바로 그곳에서 기나긴 황산도길은 끝을 맺는다.

3백 년 전, 배가 드나들던 포구

산촌으로 바뀐 포구마을 길

정족산 아래 선두리는 '배머리[船頭]'라는 지명 그대로 숙종 때 선두포둑으로 뱃길이 막히기 전까지는 엄연히 포구 마을이었으며, 정족산성과 외부 세계를 해로로 이어주는 중요한 포구였다. 동쪽의 선두포둑과 서쪽의 가릉포둑이 생기면서 화도와 양도 두 개의 섬이었던 강화는 하나의 섬으로 완성된 것인데, 비록 지금은 아스팔트로 포장길로 전락해 버렸지만 선두포둑을 걸어서 건너는 것은 300년 이쪽과 저쪽을 잇는 특별한 의미를 지닌다. 단아한 초가 그대로 남아 있는 사기리 이건창 생가를 지나 함허동천 매표소에서 정수사에 이르는 계곡 길은 산사로 접어드는 비밀스러운 통로라도 되는 양, 있는 듯 없는 듯 그렇게 무심히 천 년도 넘는 세월을 이어오고 있으니, 이 길은 일부러라도 따로 한 번쯤 시간 내서 걸어볼 일이다. 정수사에서 내려와 분오리돈대까지 해안선이 있어야 할 곳은 수십 년 사이 광활한 간척지와 저수지가 들어서면서 아스팔트길이 뚫리고 말았으니 아득하게 멀어진 바다는 분오리포구에나 이르러서야 간신히 만날 수 있게 됐다.

지금과 달리 옛날에는 바닷물이 드나들었던 선두리 마을.

11 선두포길
11.2km, 2시간 45분

1. 정족산성 서문 ~ 길화교(1.9km)

전등사 경내를 거쳐서 ❶ 정족산성 서문을 나서면 ❷ 선두리 마을로 내려서는 길이 850m쯤 이어진다. 산길과 닿아 있는 첫 번째 민가 아래쪽으로는 소나무 두 그루가 있어서 눈에 띈다. 마을에서 관개수로 쪽으로 바둑판처럼 뻗어 있는 농로 어느 것이든 택해서 1.05km 가면 ❸ 길화교에 이른다.

2. 길화교 ~ 이건창 생가(1.55km)

길화교 건너서 ❹ 선두포 둑길 따라 450m 가면 오른쪽에 비석 여섯 기가 나란히 서 있는 곳을 지난다. 강화유수 민진원의 송덕비와 '선두포 축언 시말' 비석, 이건창 영세불망비 등이다. 여기서 〈그리운 금강산〉 등을 작곡한 최영섭 생가지 기념비 지나 1km 더 가면 바로 길가에 ❺ 사기리 탱자나무를 지나고, 길 건너 대각선 방향으로 100m 지점에 있는 단아한 초가집이 바로 ❻ 이건창 생가다. 생가 앞에는 키 큰 향나무 두 그루가 있어서 바로 눈에 띈다.

3. 이건창 생가 ~ 정수사(2.15km)

이건창 생가에서 길 따라 800m 가면 함허동천 입구에 이른다. ❼ 함허동천 계곡 쪽으로 200m 올라가면 매표소가 나오고, 매표소 지나자마자 왼쪽 계곡으로 내려서는 나무계단이 있다. 화장실과 야영장, 취사장 등이 있는 널찍한 공터를 벗어나 계곡 따라 숲길이 시작된다. 바로 정수사 가는 길이다. 오른쪽 가파른 비탈길 역시 정수사 가는 길과 만난다. 중간에 너덜지대와 끊어진 통일교 다리 지나 700m쯤 계곡길을 따르면 정수사 올라가는 아스팔트 도로가 나온다. 여기서 300m쯤 올라가다 오른쪽 느티나무 숲길로 올라가는 계단길 따라 150m쯤 가면 ❽ 정수사 대웅전 앞마당에 올라선다.

4. 정수사 ~ 분오리돈대(2.94km)

정수사에서 내려갈 때는 대웅전 앞마당에서 주차장으로 이어지는 길을 따른다. 아스팔트 길을 1km쯤 내려가면 큰길이 나오는데 오른쪽이 분오리돈대로 향하는 길이다. 오른쪽으로 산허리를 끼고서 팬션 지역과 분오리 저수지 지나 1.94km 가면 길 왼쪽 주차장 지나 ❾ 분오리돈대에 올라선다. 분오리 돈대 바로 아래 있는 포구로 내려서면 바닷가 암반 지대를 걸을 수 있다. 여기서는 돈대가 높이 올려다 보이며, 바닷가를 거쳐 돈대 주변을 돌아서 주차장으로 올라설 수 있다.

여행정보

ⓟ 차를 가져간다면 전등사 남문이나 동문 주차장에 세워두면 좋다.

ⓑ 대중교통을 이용한다면 온수리버스터미널부터 시작한다. 강화시외버스터미널에서 온수리까지 시내버스가 다닌다.

ⓘ 걷는 길 중간에는 매점이나 음식점을 거의 찾아볼 수 없다. 온수리 읍내와 함허동천 입구에 식당과 상점이 있으며, 분오리 돈대에서 가까운 동막 해변에 식당과 매점, 화장실이 있다. 전등사와 정수사 경내에도 화장실과 커피 및 음료수 자판기가 있다.

사기리 입구

정족산 ▲

卍 전등사   ⓟ 전등사 주차장

서문 ❶ 凸
삼랑성

❷ 선두리

초피산 ▲

❸ 길화교

❹
선두포둑

이건창생가
❻

❺ 사기리탱자나무

함허동천야영장

❼ 함허동천

택지돈대

길상산 ▲

• 선두수양관

정수사
❽ 卍 ⓟ

양암돈대

그린파워모텔 Ⓜ

동막해수욕장 🏖 ⓟ

분오리포구
ⓟ ❾ 분오리돈대

호젓하고 평화로운 삼랑성 서문길 들머리.

호젓한 서문 산길

　단군의 세 아들 부여와 부우, 부소가 삼랑성을 쌓았을 당시, 이 일대는 지금과 같은 내륙이 아니었다. 정족산 꼭대기에 올라가서 보면 사방이 광활한 평야지대이지만 천여 년 전만 해도 해발고도 7~8미터가 채 안되는 현재의 강화도 들녘은 죄다 바닷물이 드나드는 갯벌이었다고 보는 게 정확하다. 강화를 포함해서 인천 앞바다의 평균 조차가 7.5미터, 최대 8.6미터까지 나타나는 점을 보더라도 최소한 역사시대의 해안선이 어디쯤이었을 거라는 추정이 가능하기 때문이다. 강화에서 끝에 '포浦'나 '진鎭'이 붙어 있는 곳은 대체로 과거에 바닷물이 드나들었으며, 따라서 배가 닿던 곳일 가능성이 크다. 선두포나 가릉포, 덕포 같은 곳이 바로 여기에 해당된다.

　그렇게 보면 역사지리적으로 삼랑성은 단순한 내륙의 성이 아니라 온수리나 선두포를 관문항으로 삼은 바닷길의 전략적인 거점이 된다. 특히 한반도 중앙의 한강, 임진강, 예성강 수운을 틀어쥐는 기지일 뿐 아니라 서해안 남북

연안 항로의 중심지로서 이 성의 가치는 두말할 나위가 없다. 또한 역사시대를 두고 볼 때 삼랑성은 삼국시대와 고려를 거치면서도 여전히 중시되었다는 점에 주목할 만하다.

조선시대 이래 삼랑성보다는 정족산성으로 더 많이 불려왔으며, 전등사를 품고 있어서 더욱 유명해진 이 성 서문을 빠져나와 선두포로 내려가는 산길은 호젓하기 그지없다. 늘 관광객들로 붐비고 입장료를 꼬박꼬박 받는 동문이나 남문에 비해, 1년 가야 드나드는 이 몇 안 되는 서문은 늘 열려 있으며, 입장료도 받지 않는다.

그리고 무엇보다 그 문을 나서는 순간 양쪽 능선 위로 팔을 벌리듯 길게 이어진 치성이 울창한 숲 저편에 도사리고 있음을 눈여겨봐 두어야 한다. 동문이나 남문 주위에도 같은 모양의 치성이 있듯이, 이곳 역시 적의 공격으로부터 문을 보호하는 치성이 펼쳐져 있으니, 지형의 유리함을 최대한 살려가며 성을 쌓은 이들의 심모원려深謀遠慮가 여실히 전해온다.

강화도를 하나의 섬으로 이어준 선두포둑

10여 분 걸어 내려가서 농가를 만나면 산길이 끝나고, 거기서부터 마을길이 시작된다. 선두포는 전체적으로 양지바른 남향이며, 바로 앞에는 바둑판처럼 경지정리가 잘 된 논이 펼쳐져 있다. 특히 선두포둑*으로 이어지는 논 한가운데의 넓은 관개수로는 과거 배가 드나들던 갯골인데, 저수지 역할을 하는 망실지와 연결되어 있다. 불과 십수 년 전만

*선두포둑

조선시대 최대의 간척사업이었으며, 이 선두포둑으로 말미암아 오늘날의 강화도가 완성되었다. 길이 460m, 높이 15m인 이 둑이 생기기 전까지는 지금의 양도면과 마니산이 있는 화도면은 별개의 섬이었으며, 그 사이 갯골로는 바닷물이 드나들었고, 배가 지나다녔다.
강화유수 민진원이 앞장서 1706년 9월에 시작한 선두포 축언 공사는 연인원 11만명이 동원됐으며 1707년 5월에 끝났다. 선두포둑 남쪽 끝자락 길가에는 '선두포 축언시말(船頭浦築堰始末)' 비석이 남아 있는데 여기에는 10개월 동안의 전체 공사 진행 상황이 상세히 새겨져 있다.

선두리에서 선두포둑으로 내려서는 길. 멀리 마니산이 보인다.

해도 덕포리 쪽에 쪽실지라는 작은 저수지가 있었는데 지금은 논으로 매립되었고, 지도상에서도 사라져 버렸다. 망실지*까지 수초가 무성한 채 갯골 옛모습 그대로 구불구불 이어지던 수로는 어느새 자로 잰 듯 반듯하게 정리됐고, 이제는 사철 가리지 않고 꾼들이 붐비는 낚시 명소로 탈바꿈했다.

선두포둑이 완성된 것은 숙종 때인 1707년 5월의 일이다. 당시 강화유수 민진원1664~1736은 숙종 임금에게 이 둑이 생김으로써 "양암돈과 갈곶돈 사이의 20리 길이 불과 300파로 줄어들며, 쌀 천 석을 생산할 수 있는 양전이 생겨 각 진보에 나누어 둔전을 만들게 하면 위로는 경비를 줄이고, 아래로는 백성의 식량을 여유 있게 하여 바로 이익을 얻게 될 것"이라고 건의하여 공사 허락을 받았다.

1706년 9월에 시작된 이 공사는 9개월에 연인원 11만 명이 동원된 대역사였다. 민진원은 숙종의 두 번째 부인 인현왕후의 오빠로 훗날 노론의 영수가 된 인물인데, 비슷한 시기에 남산과 견자산까지 포함하는 강화산성을 오늘날

삼랑성 서문. 이 문을 나서면 산 아래 선두리 마을로 내려선다.

볼 수 있는 견고한 석성으로 완성시키기도 했다. 하여튼 당시로서는 단군 이래 최대 규모의 간척사업이 벌어졌던 것이며, 이로 인해서 초피산과 길상산 사이, 직선거리 470미터의 바다를 막았다. 서쪽 뱃길인 가릉포는 이미 1665년에 둑을 쌓았으니, 1707년에야 비로소 마니산이 포함된 고가도를 합침으로써 강화도는 하나의 섬으로 완성된 것이다.

선두포둑은 왜정시대를 거치면서 상당 부분 보강되기는 했어도 1980년대까지만 해도 거의 원형에 가까운 모습으로 남아 있었다. 지금도 둑 아래쪽을 자세히 보면 조선시대에 쌓은 석축 일부라든가 수문 흔적이 남아 있는 것을 발견할 수 있다.

*망실지
선두포둑으로 더 이상 바닷물이 드나들지 못하자 과거의 갯골이었던 곳에 담수를 저장하는 넓은 습지 수로가 생겼다. 바로 망실지와 쪽실지 같은 곳들인데 현재는 낚시터로 인기가 높다. 망실지는 주변 논에 농업용수를 공급해주는 역할을 한다.

강화 탱자나무는 온몸의 가시로 저항했다

사기리 이건창 생가 가는 길 중간, 화도면 사기리 77번지 길가에는 〈그리운 금강산〉을 작곡한 최영섭 생가터가 있다. 1929년에 여기서 태어난 그는 올해 80세, 그동안 〈추억〉, 〈모란이 피기까지는〉 등 100여 곡의 가곡을 작곡했으며, 2004년 화도면에서 현재의 위치에 기념비를 세웠다. 고인돌이 세계문화유산으로 지정된 이래 강화에는 그렇게 새로운 역사가 계속 추가되는 중이다.

자동차 타고 지나가면 사기리 버스 정류장 가까이에 있는 천연기념물 제79호 탱자나무*를 못보기 십상이다. 바로 길가에 있건만 빠른 속도로 지나가는 차 안에서 수령 400년 된 이 나무와 눈 맞추기란 백사장에서 바늘 찾는 것만큼이나 어려운 일이다. 그래서 강화도를 여행하려면 차에서 내려 일단 걸어 보아야 한다.

4월에 꽃이 피며, 가을에 노란색 열매를 맺는 이 나무가 생장 북한계선인 이곳에 뿌리내려 그 오랜 세월 자리를 지킨 사연도 알아볼 겸, 나무 주위를 돌다보면 옆으로 세 갈래로 용틀임하듯 뻗어나간 가지가 나름대로 갖춘 위엄에 눈을 뜨게 된다. 그러니 갑곶리 탱자나무보다 작기는 해도 바위와 어우러져 자신의 개성을 분명히 드러내고 있는 이 가시나무를 과연 누가 업신여길 수 있으랴.

안내문을 꼼꼼히 읽어 보면 해자와 더불어 적병이 성벽에 접근하는 것을 막기 위해 심은 게 바로 탱자나무였다는데, 불과 70~80년 전만 해도 강화에는 탱자나무가 흔했다. 강화를 침공하는 수많은 적병을 향해 온몸의 가시로 저항하던 탱자나무가 점점 사라지고, 이제 천연기념물로나 두 그루쯤 남아 있는 까닭은 누구도 알지 못하며, 이야기 하는 이도 없다.

'조선의 마지막 문장' 영재 이건창

사기리 탱자나무에서 길 건너편으로는 키 큰 향나무 두 그루가 흡사 솟을 대문처럼 훌쩍 솟아 있고, 넓은 마당 뒤로 단아한 초가집 한 채가 보인다. 길가에 '이건창 생가'임을 알리는 표지판이 아니더라도 한눈에 범상치 않은 집일 듯하다는 느낌이 오는 것은 요즘 보기 드문 초가인 데다, 행랑채를 갖춘

400년 세월 자리를 지켜 온 사기리 탱자나무.

가옥구조에서 풍기는 특별한 기품이 있기 때문이다. 그러한 느낌은 대문을 들어서면서 대청마루에 걸린 현판 글씨, '명미당明美堂'에 시선이 멎는 순간 바로 입증된다.

'조선의 마지막 문장'으로 칭송되는 영재 이건창 1852~1898이 바로 여기서 태어나고, 자랐으며, 불과 15세에 문과에 급제했다. 너무 어려서 4년 후에나 홍문관에 들어간 이건창과 그의 뛰어난 문장에 동갑나기인 고종은 각별한 정을 보였다고 전한다. 그러나 벼슬길은 순탄치 못해서 암행어사로서 뛰어난 활약을 펼쳤음에도 불구하고 두 번이나 귀양길에 올라야 했다. 당시 '지방관이 올바른 행정을 하지 않으면 이건창이 찾아간다'는 말까지 생겨날 정도로 불의와 부정을 조금도 용납하지 않는 과정에서 권문 세도가의 모함을 받은 결과였다. 이는 성

＊사기리 탱자나무

선두포둑에서 분오리돈대 가는 길, 이건창 생가 들어가기 전 길가에 있다. 천연기념물 제79호로 나이는 무려 400살이다. 높이 3.8m, 땅위 2.8m 높이에서 세 갈래로 갈라져 옹트림하는 모양을 하고 있다. 4월이면 잎보다 흰꽃이 먼저 피고 열매를 맺는 가을이면 노랗게 익는다.

정수사 가는 길. 비록 아스팔트로 포장된 길이지만 한가롭기 그지없다.

격 탓이라기 보다는 혼미했던 조선 후기 사회에서 '참된 도리實理'를 내심에서 파악하여 '참된 일實事'을 실천하려는 강화학江華學의 전통을 이어받은 인물이 바로 영재 이건창이기 때문이었다. 남의 아픔을 내 고통으로 느끼는 그의 마음가짐은 양명학자 하곡 정제두霞谷 鄭齊斗 이후로 강화학이 지켜왔던 실천 내용이기도 했다.

이러한 이건창을 제대로 알아본 이는 구한말의 문학가인 김택영, 그가 꼽은 선집에 영재는 고려 조선의 대문장가 9명 가운데 최후의 인물로 올라있다. 매천 황현 같은 이는 이건창이 1898년 귀양지인 고군산도에서 돌아와 47세의 짧은 생을 마친 뒤에도 그의 시문을 베껴서 전하다 1917년 중국에서 '명미당집明美堂集' 간행을 보기까지 했다. 당호인 명미당은 조부 이시원이 병인양요 때 순국하면서 남긴 '시대의 소임을 다하라'는 가르침을 지키기 위해 지은 것으로, 대청마루에 걸린 현판 글씨는 매천 황현이 아니라 같은 호를 쓰는 현대 서예가의 작품이라서 방문객들이 혼동하기 쉽다.

숨어 있는 계곡길 찾아서 정수사로

강화 사람들이 명미당에 대해서 또 한 가지 자부심을 갖는 이유는 이 땅 최초의 종합대학 설립의 뜻이 이곳에서 이루어졌다는 데 있다. 바로 이건창의 아우 이건승이 1905년 을사늑약이 강압적으로 체결된 뒤 이곳 사기리에서 계명의숙啓明義塾을 설립하여 교육구국운동을 전개했던 것이다. 비록 경술국치를 당하여 계명의숙은 중단되었을지라도, 이건창이 굳게 지켜낸 강화학의 정신과 민족자주 이념은 위당 정인보에게 계승되어 큰 줄기를 이루었다.

이건창 생가를 뒤로 하고 야트막한 고개를 넘어 길을 이어가면 함허동천에 이른다. 여름철 계곡 피

정수사(淨水寺)

마니산 동쪽 자락에 있으며, 조계사의 말사다. 본래 이름은 정수사(精修寺)로, 639년(신라 선덕여왕 8) 회정대사(懷正大師)가 창건했다. 그 뒤 조선시대에 들어 1426년(세종 8) 함허화상(涵虛和尙)이 중건할 때, 법당 서쪽에서 맑은 물이 솟아나자 정수사(淨水寺)로 개칭했다고 전한다.

보물 제161호인 대웅보전은 조선 초기의 주심포식 건물로, 대웅전 문짝 통나무 판에 연꽃무늬를 새긴 점이 특이하다. 중요문화재로는 아미타불을 비롯한 불상 4위와 탱화 7점, 부도 1기 등이 있다.

서지로도 유명한 이곳은 일찍이 함허대사1376~1433가 수도했던 인연으로 이름을 얻었는데, 계곡 상류 너럭바위에 그가 썼다는 '함허동천涵虛洞天'이라는 글씨가 새겨져 있다. '함허동천'은 '구름 한 점 없이 맑은 하늘에 담겨 있는 곳'이라는 뜻으로 사계절 찾는 이들의 발길이 끊이지 않으며, 마니산 등산로의 들머리가 되기도 한다.

함허동천에서는 정수사로 이어지는 계곡길이 한가롭다. 매표소에서 바로 계곡 쪽으로 커다란 나무 계단 따라서 내려가면 다리 건너 야영장이 펼쳐진다. 정수사 길은 곧바로 작은 계곡을 따라 거슬러 올라가는데, 호젓하기 그지없다. 불과 10여 분이면 계곡이 끝나고 정수사로 통하는 아스팔트길에 올라서지만 이런 길이 남아 있다는 사실조차 감사할 따름이다.

정수사 법당 옆에서 솟구쳐나오는 샘물을 마시고 다시 길을 재촉하면 분오리포구까지 50분 남짓 걸린다. 분오리돈대는 인천광역시 유형문화재 제 36호로, 사기리 동막 해변 동쪽 끝자락에 있다. 조선 숙종 5년1676에 강화유수 윤이제가 병조판서 김석주 명을 받아 경상도 군위어영 군사 8천여 명을 동원해 축조했다. 서쪽으로 송곶돈대까지 3.1킬로미터로, 부천과 초지의 외곽포대였던 이 돈대는 영문에서 돈장을 따로 두어 수직케 할 만큼 중시됐다. 강화도 최남단에 위치해서 조망 범위가 매우 넓으며, 자연지형을 이용해 축조했기 때문에 원형이나 장방형이 아닌 반달형 평면을 이루고 있는 점이 특이하다.

정수사에서 나와서는 바로 분오리돈대로 오르지 말고 포구로 내려서 돈대 아래쪽 바닷가 갯바위와 화강암 암반 지대로 돌아가는 게 제 길이다. 포구에서는 벼랑 위에 반달형으로 솟아 있는 분오리돈대의 또 다른 모습을 발견할 수 있다. 특히 봄철 벼랑 주변으로 신록과 더불어 산복숭아꽃이 흐드러지게 핀 풍경은 혼자 보기 아깝다.

이건창 생가

조선시대에 20세 미만의 급제자는 총 20명. 그 중에서 최연소 급제자는 바로 1866년고종30 강화도 별시문과에서 6명 중 5등으로 뽑힌 영재 이건창 1852~1898이었다. 조선 말기의 문신이며, 저명한 문장가여서 고종의 총애를 받았고, 양명학의 지행합일을 내세운 강화학파의 마지막 대학자였던 그는 판서 이시원의 손자로 강화출생이며, 5세에 문장을 구사할 만큼 재주가 뛰어나 신동이라는 말을 들었다. 조정에서도 너무 일찍 급제하였다 하여 4년 뒤인 만18세가 되어서야 홍문관직의 벼슬을 주었다. 그는 천성이 강직하여 불의를 보면 추호도 용납하지 않는 성격으로 암행어사 때는 충청감사 조병식의 은닉 재물을 찾아내고 숱한 비행을 밝혀냈으며 그의 행동을 과민하다고 의심하는 국왕 고종 앞에서 탐관의 만행을 조목조목 낱낱이 알린 바 있다.

이건창 생가는 강화군 화도면 사기리 167-3에 있으며, 인천광역시기념물 제30호로 지난 1996년에 복원됐다. 안채는 9칸 규모의 ㄱ자 형태로 자연석 기단 위에 주춧돌을 놓고 3량 가구로 된 전형적인 한옥의 구조이나 현재는 일부가 변형되었다. 구조는 대청을 중심으로 좌우에 안방과 건넌방을 배치하고 안방 앞으로 부엌을 내는 등 경기지방의 전형적인 한옥이다. 대문 옆으로는 흙과 돌이 섞인 야트막한 담이 마당과 집을 감싸고 있다. 대문을 들어서면 오른쪽에는 머슴이 살던 방, 왼쪽에는 광이 있고 안채의 방과 방 사이에는 마루가 있으며, 부엌에는 가마솥 1개와 땔감을 놓을 만한 공간이 있다. 각 방의 크기는 2평이 채 안 되고 마루는 3평 정도다.

숨은 길 찾아서 걷는 즐거움

복숭아꽃 찔레꽃 만발한 바닷가 숲길

분오리돈대에서 강화도 남단 바닷가 거쳐
장화리 낙조마을로 이어지는 해넘이길은 염하 쪽
강화외성길과는 전혀 다른 느낌으로 다가온다.
모래밭이 길게 펼쳐진 동막해변과 소나무 숲이
어우러진 아름다운 풍경은 누구나 차에서 내려 한
번쯤 걷고 싶은 충동을 일으키게 만든다. 사유지와
정부시설물 때문에 접근하기 까다로운 송곶돈대 부근
역시 백사장과 갯바위가 어우러져 색다른 느낌을
주는 해변이다. 곶뿌리포구에서 미루돈대 올라가는
산길은 외지 사람들에게는 거의 알려져 있지 않은
호젓함을 간직하고 있어서 좋다. 일단 돈대에 올랐다가
미루교회 쪽으로 내려가는 길에서는 마니산과 바닷가
조망이 일품이다. 여차리 바닷가와 강화갯벌센터 거쳐
북일곶돈대 가는 길은 해넘이길의 백미를 이루는
부분이다. 봄철 분홍색 개복숭아꽃 만발한 바닷가를
걷노라면 강화에 이런 곳이 있었는가 싶을 정도로
새로운 느낌이 든다. 최근 복원을 마친 북일곶돈대
주위는 찔레꽃이 군락을 이루며 북쪽 바닷가로
내려서는 숲길도 걷는 즐거움을 만끽할 수 있어서 좋다.

동막해변에 물이 빠지면 드넓은 갯벌이 드러난다.

12 해넘이 돈대길
16.69km, 4시간10분

1. 분오리돈대 ~ 송곶돈대(2.4km)

❶ 분오리돈대에서는 ❷ 동막해변으로 내려설 수 있다. 강화도에서 유일한 모래 해변이 500m 가량 펼쳐진다. 석축 위로는 300m 길이의 소나무 숲이 있어 운치를 더한다. 소나무 숲이 끝나는 지점에서 대략 모래 해변도 끝난다. 여기서부터는 길을 따라서 800m쯤 걷다가 다시 바닷가로 나갈 수 있다. 양식장 둑을 따라서 1.1km쯤 가면 ❸ 송곶돈대에 이른다.

2. 송곶돈대 ~ 미루돈대(2.45km)

송곶돈대에서 바다팬션타운을 거치거나 바닷가를 지나서 방조제로 올라선 다음 초소 철조망 까지 와서 방조제 아래로 내려간다. ❹ 흥왕저수지길 따라서 포구까지는 곧장 뻗은 길 2.45km가 이어진다. 포구 선착장에서 미루돈대까지는 600m 거리다. 하얀색 페인트칠을 한 폐타이어 계단과 로프가 이어진 가파른 경사를 올라서면 산허리를 타고 길이 이어진다. 산모퉁이 하나를 돌고나면 오른쪽 산 봉우리 위로 돈대가 보인다. 여름에는 울창한 숲에 가려서 보이지 않는다. 산 모퉁이 하나를 더 돌아서 편안한 길을 버리고 밤나무 숲을 지나 70~80m쯤 올라가면 강화군에서 세운 스테인레스 안내판과 ❺ 미루돈대 출입문에 이른다.

돈대에 올라가는 또 하나의 길은 미루지 버스 정류소에서 갈라져서 들어오는 마을길 끝나는 지점이 들머리다. 여기서 보면 펑퍼짐한 봉우리 꼭대기에 자리한 돈대가 대충 짐작된다. 밭을 지나서 폐가 옆으로 접근한 후 산자락을 타고 70~80m쯤 오르면 밤나무 숲 지나 돈대 출입구에 이른다.

3. 미루돈대 ~ 뒤꾸지돈대(4.44km)

미루돈대 서쪽은 정부시설물 때문에 접근할 수 없다. 게다가 과거에 길이 있었음직한 북쪽 능선은 밭이 들어서 있고 이리저리 쳐놓은 울타리가 길을 막는다. 바닷가 양식장으로 내려서는 길도 없으므로 마을 거쳐 버스정류소까지 되짚어 나간다. 1.64km 돌아서 가면 바닷가에 설 수 있다. 간척지 방조제길이 1.15km쯤 이어진다. 방조제 끝에서 바닷가에서 올라가 마을길 따라 ❻ 여차1리 마을회관까지 400m 간 후, 다시 450m 더 가면 ❼ 강화갯벌센터에 이른다. 뒤꾸지돈대는 여기서 길 따라 800m쯤 바다 쪽으로 나가면 된다.

4. 뒤꾸지돈대 ~ 장곶돈대(5.4km)

❽ 뒤꾸지돈대에서는 바로 앞의 대섬과 주변 조망이 멋지다. 그러나 바닷가로 내려서는 길이 없다. 900m쯤 되짚어 나와 왼쪽 마을로 300m 내려서면 바다로 나가는 길과 만난다. 여기서 바닷가까지는 400m 거리다. 방조제 따라서 700m쯤 가면 오른쪽으로 ❾ 장화리 낙조마을이 보인다. 여기서 바다쪽으로 돌출한 작은 언덕 하나를 오른쪽으로 800m쯤 돌아서 다시 바닷가로 내려서면 방조제길이 400m쯤 이어진다. 보다 큰 언덕을 900m쯤 돌아선 후 바닷가로 내려와 1km 정도 해안선을 따라서 가면 ❿ 장곶돈대에 올라선다.

5. 장곶돈대 ~ 후포 밴댕이마을(2km)

장곶돈대에서 300m쯤 나오면 큰길과 만난다. 이 길을 100m쯤 따르다 다시 왼쪽 바닷가로 향해 100m 가량 산기슭을 따라 내려간다. 방조제가 600m쯤 이어진 후 차가 다니는 큰길과 만난다. 여기서 400m 더 가면 선수 선착장 입구에 이른다. ⓫ 밴댕이마을이 있는 후포항은 500m 더 가야 진입로가 나온다.

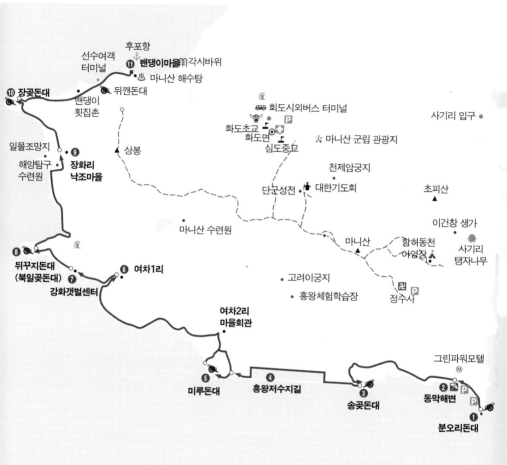

선수여객
터미널
후포항
⑪ 밴댕이마을 (刷)각시바위
♨ 마니산 해수탕
⑩ 장곶돈대 ⚓ 뒤깬돈대
밴댕이
횟집촌
상봉
🚌 회도시외버스 터미널
🅿
화도초교
화도면
심도중교
🏛 마니산 군립 관광지
사기리 입구 ●
일몰조망지
해양탐구
수련원
**⑨ 장화리
낙조마을**
천제암궁지
단군성전 🏛 대한기도회
초피산 ▲
이건창 생가
마니산 수련원
함허동천
마니산 야영장
사기리
탱자나무
**⑧ 뒤꾸지돈대
(북일곶돈대)**
⑥ 여차1리
⑦ 강화갯벌센터
고려이궁지
흥왕체험학습장
🅿
정수사
**여차2리
마을회관**
그린파워모텔
Ⓜ
⑤ 미루돈대
④ 흥왕저수지길
③ 송곶돈대
② 동막해변
🅿
① 분오리돈대

여행정보

ⓟ 차를 가져간다면 분오리돈대 주차장이나 후포항 주차장에 세워두면 좋다.

Ⓑ 대중교통을 이용한다면 분오리돈대부터 시작한다. 강화터미널에서 분오리, 동막리행
군내버스가 다닌다.

ⓘ 걷는 길 중간에는 동막해변 일대에 식당과 상점이 있으며, 장화리 낙조마을, 후포항
밴댕이마을에 식당이 있다. 화장실은 동막해변, 후포항에 있다.

소나무 숲과 모래밭이 어우러진 동막해변.

슬프고도 아름다운 '섬'을 노래하는 시인

동막해수욕장으로 알려진 동막리 해변* 일대는 사실 여름철에도 해수욕하는 이들은 거의 없다. 대신 모래밭을 거닐거나 썰물 때 맨발로 갯벌에 들어갔다 나오는 정도가 고작이다. 원래 지금보다 더 많은 모래가 쌓여 있었고 백사장 폭도 훨씬 넓었으나 30~40년 전부터 계속 쓸려나가서 지금에 이르렀다는 게 마을 사람들의 이야기다. 특히 해변을 따라서 자라는 소나무숲을 보호하기 위해 방조제를 쌓은 다음부터 침식 현상이 시작되었다는 지적도 있고 보면, 다른 곳의 모래를 트럭으로 수십 대 분량 퍼다 동막 해변에 깔았다는 이야기가 심각하게 들린다. 하여튼 식당이며 횟집, 편의점, 펜션, 모텔 등으로 불야성을 이루는 동막해변은 늘 사람들 발길이 끊이지 않는다. 또한 한밤중에도 젊은 커플들이 몰려와 캄캄한 바다를 향해 끊임없이 폭죽을 쏘아 올리며, 사랑의 맹세를 나누는 낭만적인 해변이 바로 동막이다.

지금은 펜션이 들어서고 말았지만 동막리 바닷가에는 함민복 시인이 십 년

도 넘게 살던 집이 있었다. 충청도가 고향인 함 시
인은 지금은 이곳을 떠나 온수리에 살면서 강화 사
람이 다 돼가는 중인데, 2006년에 쓴 〈나마자기〉라
는 시를 통해서 자연과 역사가 어우러진 그만의 슬
프고도 아름다운 '섬'을 엿볼 수 있다.

어찌 멸망의 빛이 이리 아름답다냐
뻘이 돋아지며 죽어가고 있다는
환경지표식물이라 했던가
뭍 쪽 붉음에서 바다 쪽 푸르름까지
색 경계 허물어 무지개밭이로구나
조금밭에 뻘물 뒤집어쓰지 않아
빛깔 더 고운 나마자기야
너는 왜 해질녘에 가장 아름다운 것이냐
채송화 잎처럼 도톰한 네 잎 따 씹으면
눈물처럼 짭조름하다
뻘에 박혀 있던 둥근 바위 그림자
해 떨어지는 순간 너희들 위로
무게 버리고 길게 몸 펴며 달린다
바위 그림자 달리는 속도라니
소멸이 이리 경쾌해도 되는 것인가
깨줄래기 떼 그림자 투하하며 날자
칠게들 일제히 뻘구멍 속에 숨는다
얄리얄리 얄라셩 망조 든 나라 슬퍼
굴조개랑 너를 먹고 산다 했던가
나마자기야
나마자기야
어찌 유서가 이리 아름답다냐

*동막해변

강화도 남단의 동막리 해변 모래
밭과 갯벌은 소나무 숲과 어우러
져 색다른 풍광을 자아낸다. 특히
분오리돈대에 오르거나 길가 주
차장에 차를 대놓고서도 편안하
게 일몰을 감상할 수 있어서 좋다.
200m 가까이 활처럼 휘어진 해
변은 물이 빠지면 끝없이 펼쳐진
갯벌이 드러나 조개, 칠게, 고둥,
가무락 등 다양한 바다 생물들이
잡혀 아이들과 함께 갯벌체험을
즐기기에 좋다.
2002년, 강화 남부와 김포를 잇는
초지대교가 개통되면서 해수욕장
과 갯벌을 찾는 이들이 많아졌다.
동막해변 갯벌체험과 더불어 얼
마 전까지만 해도 망둥어낚시, 숭
어낚시 등이 가능했다. 그러나 이
제는 관광객의 발길이 잦아지면서
어종이 사라질 위기에 처해 있기
때문에 바닷가 생물을 무분별하게
채집하지 않는 것이 좋다.

나마자기는 나문재라고도 하며, 만조 시에도 바닷물에 잠기지 않고 드러나는 갯벌에 자라는 한해살이풀의 염생식물이다. "조금발에 뻘물 뒤집어쓰지 않아 / 빛깔 더 고운 나마자기야"라는 위 시구는 나문재라는 식물이 밀물 때도 바닷물에 잠기지 않는 곳에 자란다는 함 시인의 정확한 관찰을 바탕으로 한 묘사다. 높이 1미터까지 자라는 나문재는 봄에 어린잎을 나물로 무쳐 먹기도 한다. 나문재는 동막해변을 포함해서 강화도 갯벌* 어디서든 볼 수 있는데, 특히 강화도 남단 일대의 갯벌은 가을철 온통 붉은 색 카펫을 깔아놓은 듯 화려하며, 실핏줄처럼 뻗어나간 갯골과 더불어 장관을 이룬다.

바다와 육지 사이에 있는 갯벌이 무한한 생명의 공간으로서 의미를 가질 수 있음은 나문재라든가 해홍나물, 수송나물, 퉁퉁마디, 칠면초 등 염생식물 외에 좀더 높은 갯벌에서는 갈대와 좀보리사초 같은 식물이 무리지어 자라는 데서도 입증된다. 갯벌이 가진 무한한 생산성과 정화 능력을 최근에라도 발견하고, 공존 방법을 모색하기 시작한 것은 지극히 다행스러운 일이다.

증산, 수출, 건설이야말로 유일한 살길이자 미덕이던 1970년대까지만 해도 서해안의 광활한 갯벌과 리아스식 해안은 모두 간척지로 만들어 해안선을 단순화시킨다는 원대한 계획이 있었다. 실제로 서해안 지역에서 국토의 상당 부분은 그렇게 해서 새로 생기기도 했다. 계화도와 천수만 A, B지구가 그랬으며, 시화지구, 아산만, 삽교천, 새만금 방조제가 모두 서해안의 지도를 바꾼 대규모 간척사업들이니, 너무 멀리 와버린 감도 없지 않지만 지금이라도 늦지는 않았다. 갯벌이 있는 바닷가라면 지금보다 더 많은 철새가 날아와야 하고, 지금보다 더 많은 나마자기며 칠면초, 해홍나물과 사초가 자라고 갈대 무성한 습지가 더욱 번성해야 하며, 그 옛날 을숙도가 그랬듯이 갯골을 따라서 배가 드나들 수 있어야 한다.

세월의 무게에 짓눌려 흩어져버린 송곳돈대

송곳松串돈대는 수풀에 묻힌 채 이곳저곳 무너져 내려서 출입문조차 알아보기 힘들 정도다. 숙종 5년, 1679년에 세웠으니 장방형의 진지 형태나마 330

수풀에 묻힌 채 이곳저곳 무너져 내린 송곳돈대.

년이라는 세월의 무게에 짓눌려 힘겹게 유지하는
듯한 돈대 주위로는 이름 그대로 잘 생긴 소나무
몇 그루라도 있어 명맥을 이어가야 할 텐데 아무리
둘러보아도 그런 소나무는 없다. 그러나 돈대 바
로 모서리까지 붙여서 새로 지은 팬션 울타리가 들
이밀고 있으며, 덩치 큰 개까지 두 마리나 끈을 길
게 늘여서 묶어 놓았으니 도저히 지나다닐 엄두가
나지 않는다. 게다가 송곳돈대 반대쪽은 철조망으
로 둘러싸인 정부시설물이 버티고 있으니 자유롭
게 드나들 수 있는 곳은 오로지 바다 쪽 뿐이다. 팬
션타운을 통과하는 길이 있기는 하나 마지막 팬션
앞마당 사유지를 지나 송곳돈대에 오르는 길은 그
렇게 험악하기만 하다. 그러니 애초에 길은 없으며
팬션타운 어귀 방조제에서 사다리를 타고 해안 갯

*강화도 갯벌

서울 여의도 면적의 50배인 강화
갯벌은 멸종위기종인 저어새(천
연기념물 419호)의 세계 최대 서
식지로 알려져 있다. 특히 강화도
는 전체 면적의 40%가 갯벌을 막
아서 만든 간척지로 이루어진 섬
이다. 그만큼 갯벌이 넓었으며, 현
재도 강화도 북쪽과 남단 일대에
는 광활한 갯벌이 존재한다.
고려시대만 해도 이 갯벌에는 갈
대가 무성하게 자랐으며, 썰물 때
는 배가 접근하지 못한다는 방어
상 유리한 이점을 살려서 최씨 무
인정권이 39년 동안 몽골과의 항
쟁 근거지로 삼기도 했다. 조선시
대의 대표적인 간척사업이었던
선두포둑과 가릉포둑으로 말미암
아 비로소 강화도는 현재와 같은
하나의 섬으로 완성됐다.

미루돈대 가는 길(왼쪽)과 옛 모습을 잘 간직하고 있는 미루돈대(오른쪽).

바위 지대로 내려간 후 백사장 따라서 돈대 바로 아래까지 가는 게 자유롭게 송곶돈대에 접근하는 유일한 경로인 셈이다. 장차 강화군에서 송곶돈대를 복원하고 나서 진입로를 어떻게 낼지는 정말 기대되는 대목이다.

송곶돈대에서 미루돈대를 가려면 일직선으로 아득하게 뻗은 홍왕저수지 제방 따라서 난 길이 지름길이다. 간척지에 물을 대기 위해서 조성한 이 저수지는 높이가 5~6미터는 족히 되는 방조제로 바다와 구분되며, 유료 낚시터가 들어서 있다. 길은 방조제 바로 아래 저수지 물가 따라서 이어지는데, 오른쪽으로 마니산을 보며 걷노라면 40분쯤이 그래도 좀 덜 지루하다.

숲길 따라서 시간을 거슬러 오르는 길

저수지 길이 끝나고 수문으로 올라서면 바로 왼쪽이 곶뿌리 포구로 내려서는 길이다. 썰물 때는 갯벌에 기우뚱 올라앉은 어선 몇 척이 있을 뿐, 선착장은 늘 텅 비어 있어서 휑하기만 한 곳이다. 포구 서쪽 해안은 암석이 흩어져 있는 버랑지대라 더 이상 접근할 수 없는데, 미루지彌樓只돈대*가 바로 그 벼랑 꼭대기의 산봉우리에 자리하고 있다.

포구에서 마을로 들어가는 길목, 야트막한 산꼭대기로 이어지는 급경사 콘크리트 포장도로 바로 왼쪽에 흰 페인트칠 해놓은 폐타이어 계단이 바로 미루돈대 가는 들머리다. 계단은 가파르지만 흰색 로프가 설치돼 있어 편하게 오를 수 있다. 일단 계단을 올라서면 길은 평탄해지고 산허리를 따라서 한 구비 돌아간다. 처음 이 길에 서면 강화도에 이런 숲길이 있었는가 싶을 정도로

미루돈대로 가는 들머리의 미루교회(왼쪽)와 마니산이 보이는 능선마루의 잘 생긴 소나무들(오른쪽).

깊고 그윽한 느낌이 든다. 끝없이 이어질지도 모른다는 기대감도 한 몫 하면서, 도대체 안내판 하나 보이지 않는지라 미루돈대 가는 길이 맞기는 맞는 것인지 더럭 의심이 나기도 한다. 그러나 원하는 곳에 도달하려면 항상 인내심이 필요한 법, 의심을 누르고 천천히 길을 따르면 울창한 숲 사이로 봉우리 하나가 보이기 시작한다. 바닷가에 두 개의 봉우리가 있는데, 첫 번째 봉우리를 돌아서 두 번째 봉우리 꼭대기에 보이는 지점쯤 이르면 원형을 이룬 미루돈대 성벽이 시야에 들어온다. 그러나 바로 올라가기에는 수풀이 우거져 있고 급경사라서 무리다. 좀더 산허리를 타고 돌아가면 밤나무 숲이 나오고 경사가 완만한 곳에 이른다. 두 번째 봉우리를 에돌아서 북쪽 능선 따라 70~80미터쯤 올라서면 돈대 입구에 서는데, 거의 완벽한 형태로 홍예를 이룬 채 남아 있는 문이 기적처럼 보일 정도다. 더구나 문기둥 돌 안쪽 윗부분에는 문짝을 달았으리라 짐작되는 구멍 뚫린 석조 돌출 구조물 하나가 완벽한 형태로 붙어 있어서 반가운 마음이 앞선다.

*미루돈대

인천광역시 기념물 제40호. 강화군 화도면 여차리 170-2 바닷가에 있다. 원형의 미루돈대(미곶돈)는 양쪽으로 갯벌이 펼쳐지며 오두돈대처럼 해안선이 돌출된 끝부분 산봉우리 정상에 있다. 이러한 지형적 특성은 다른 돈대가 산봉우리를 뒤에 두고 중턱에 위치하고 있는 것과는 비교된다.

이 돈대는 석벽 내부가 높은 편이며 동벽에 6.5m 길이의 여장이 남아 있다. 이러한 여장은 미루지 외에 복원된 후애돈에서 발견된 것이 유일하며 강화도 돈대 여장 연구에 보탬이 된다. 출입문에는 별도의 돌을 사용하여 문둔테 홈을 만든 것이 특이하다. 일반적으로 문둔테 홈은 출입문 상단 개석에 만든다. 돈대의 둘레는 약 116m, 지름 37.5m로 동쪽에 건물 터가 있다.

송곶돈대와 마찬가지로 1679년에 강화유수 윤이제 재임 당시 축조된 미루돈대는 40~120센티미터의 장방형 화강암을 높이 2.16미터, 둘레 128미터 규모로 둥글게 쌓았으며, 바다쪽을 향해 네 개의 포좌를 설치했다. 그러나 포좌는 대부분 위에 걸친 장대석이 무너져 내린 채로 방치돼 있어 복원의 손길이 시급한 실정이다. 동쪽 성벽 위로 남아 있는 여장 일부는 비록 무너져가고 있지만 조선시대에 쌓은 원형 그대로인 듯해서 눈길을 끈다. 돈대 한 가운데 1미터 가량 둔덕을 이룬 부분은 건물터로 추정되며, 그 아래쪽에 1989년에 재설치한 삼각점 표석이 있다.

복숭아꽃 찔레꽃 만발한 별천지

원래 미루돈대 진입로는 북쪽 능선 따라서 이어지는 길이 가장 자연스러운데 지금은 그 능선 일대가 죄다 경작지인 데다 울타리까지 쳐놓아서 드나들기가 힘들다. 울타리 넘어서 밭고랑을 따라가다 능선 왼쪽으로 내려가는 길을 따르면 미루교회가 있는 큰길까지 갈 수 있다. 능선 마루에서는 마니산이잘 보이며, 잘 생긴 소나무 몇 그루가 미루돈대 가는 길의 이정표라도 되는 양 자리를 지키고 있다. 바닷가 방조제를 따라서 북일곶돈대를 가려면 간척지 농로를 가로질러 양식장 둑길을 따르는 수밖에 없다.

강화갯벌센터* 아래쪽 바닷가로는 지난 2000년 천연기념물 제419호로 지정된 강화갯벌 및 저어새번식지와 갯벌 탐방로가 있다. 해안선을 따라서 이어지는 이 길은 강화 걷기여행의 백미를 이루는 부분이다. 바로 바닷가에 바위와 더불어 소나무가 어우러진 풍경도 좋지만 봄철에는 분홍색 개복숭아꽃까지 만발해서 별천지를 이룬다. 파도에 떠밀려온 스티로폼 같은 부유물 쓰레기가 옥에 티이긴 하지만 북일곶돈대 오르는 언덕에 지천으로 널린 찔레꽃은 또 한 번 나그네의 발길을 붙잡는다. 한 가지 안타까운 일은 칡넝쿨이 무성하게 뻗어서 나무를 뒤덮는 바람에 숲이 죽어가고 있다는 사실이다. 최근에 북일곶돈대 복원 작업까지 마쳤으니 주변 탐방로 정비와 더불어 칡넝쿨 제거도 시급해 보인다.

북일곶돈대는 뒤꾸지돈대**라고도 불리며, 송곶돈대나 미루돈대, 장곶돈대와 같은 시기인 1679년에 쌓았다. 강화도 남서부의 가장 끄트머리인 북일곶은 500미터 가량 돌출한 지형이며, 돈대는 주변 바다가 가장 잘 보이는 곳의 끝자락에 위치한다. 여기서 북서쪽으로 300미터 떨어진 해안에는 바위섬이 하나 있는데, 바로 썰물 때 걸어서 건너갈 수 있는 대섬이다. 돈대에서 북쪽 산허리 따라 600미터쯤 이어지는 숲길은 미루돈대길과 흡사하며, 바람소리, 파도소리를 친구 삼아 걷는 길이다.

*강화갯벌센터

화도면 여차리 934-6에 있으며, 2008년 6월 개관했다. 지하 1층, 지상 2층의 건물에 기획전시실, 갯벌 및 철새연구실, 다목적영상실, 휴게마당, 대청마루 등을 갖추고 있다. 강화갯벌센터에서는 단체맞춤형 프로그램으로 갯벌체험과 철새탐조, 농사체험 및 실내 체험프로그램을 유료로 운영하고 있다. 관람시간은 오전 9시부터 오후 6시까지이며, 매주 요일은 휴관. 문의 032-937-5057

**뒤꾸지돈대

인천광역시 기념물 제41호. 강화군 화도면 장화리 1209번지에 위치한다. 1679년(숙종 5) 병조판서 김석주(金錫胄)가 건의해 강화도에 세운 53돈대 중 하나로, 북일곶 돈대라고도 한다. 현재 군부대가 주둔하여 출입이 통제되고 있다. 동쪽으로 미곶돈대까지 3km, 서쪽으로 장곶돈대까지 2.7km 지점에 있는 장방형의 돈대로 둘레 120m, 높이 2.5m, 포좌 4개소에 치첩은 32개소다. 반월형으로 일부는 둥글게, 일부는 모나게 돌을 쌓아 곳곳에 총구멍을 설치했다.

장곳돈대는 강화도 해안의 모든 돈대 가운데서 주변 바다 조망이 가장 뛰어나다.

가파른 폐타이어 계단을 내려서면 장화리 방조제 수문이다. 이쪽 방조제에서도 대섬이 잘 보이며, 북서쪽은 석모도, 서쪽 멀리 보이는 섬이 주문도다.

규모 작지만 바다 조망 가장 뛰어난 장곳돈대

원래 장화리 낙조마을*은 버드나무가 많다고 해서 '버드러지마을'로 불리던 곳이다. 아스팔트로 포장된 해안순환도로가 생기고, 이 동네 해넘이 풍경이 워낙 아름다운 덕분에 도회지 사람들이 몰려와 너도 나도 펜션을 짓고 나서부터 '낙조마을'로 유명해진 것은 불과 십수 년 안쪽의 일이다. 장곳돈대는 버드러지마을 지나 큰길을 따라서 간다. 해안 쪽은 잡목과 넝쿨이 무성한데다 바닷가 역시 암초 지대라서 접근할 수 없다. 큰길에서 왼쪽 비포장길로 200미터쯤 들어가면 원형 요새인 장곳돈대가 반긴다.

북일곶이나 미곶돈대와 마찬가지로 장곳돈대 역시 1679년에 축조됐으며, 네 개의 포좌에 높이 3미터, 둘레 95.7미터 크기로 앞의 두 돈대보다 약간 작다. 이 돈대는 미루돈대, 송강선수돈대, 북일곶돈대와 함께 장곳보에 소속되어

장곶돈대 정문. 바로 이 앞까지 비포장길이 이어진다.

있었다. 윗부분에 벽돌로 둘러쳤던 여장은 현재 남아 있지 않고, 정문 안에 돌쪼기 2개가 남아 있다. 1993년에 보수하여 현존 상태가 양호한 편이고, 진입로 또한 가장 잘 나 있는 편이다.

장곶돈대는 강화도 해안의 모든 돈대 가운데서 주변 바다 조망이 가장 뛰어난 곳에 자리하기 때문에 석모도, 주문도, 장봉도 등 강화도 주변 섬을 어떤 배가 오가는지 손바닥 들여다보듯 훤하게 내려다 볼 수 있는 지리적 이점이 탁월하다.

한 가지 아쉬운 점이 있다면 미곶돈대나 북일곶돈대와 마찬가지로 큰길에서 위치를 알리는 표지판이나 이정표가 전혀 없기 때문에 찾아가기가 어렵다는 사실이다. 돈대 주변에 표지판은 물론이고 주차장과 화장실까지 갖추고 있는 강화외성 일대

*장화리 낙조마을

강화군 화도면 장화리는 강화도 낙조 1번지로 꼽을 만큼 환상적인 해넘이 풍경을 자랑하는 곳이다. 도요새, 백로, 망게, 꽃게 등 각종 생물의 서식처인 마을 앞 갯벌은 천연기념물 제419호로 지정된 곳이기도 하다.

낙조마을은 행정구역상 화도면 장화1, 2리에 속한다. 석회곶, 동역말, 큰말 부락이 장화 1리, 새버드러지, 배드러지, 알미부락은 장화 2리이며 주변에 장곶진지, 장곶돈대, 북일목장지, 장곶보지 등이 있다. 특히 350여 년 전 김씨가 낙향한 김촌, 주씨가 낙향한 주촌 등에는 버드나무가 많아서 버드러지라는 지명이 생겼다.

장화리는 해넘이 풍경이 아름다운 덕분에 도회지 사람들이 몰려오면서 '낙조마을'로 유명해졌다.

의 돈대와 비교하면 송곶이나 미곶, 북일곶돈대의 열악한 관리 상황이 여실히 드러난다.

장곶돈대부터 선수선착장 지나 후포항까지는 해안선이 동서 방향으로 펼쳐진다. 장곶돈대에서 나와 큰길 따라 400미터쯤 더 간 다음 왼쪽 바닷가로 내려서면 방조제길이 600미터쯤 이어진다. 하지만 장화리 낙조마을 일원의 바닷가는 방조제길 따라서 걸을 수 있으나 장곶돈대 일대부터는 벼랑이 뒤섞인 암석 해안이 이어지기 때문에 자동차길을 따라야 한다. 한 가지 주의할 사항은 강화도 남단의 돈대 주변 해안 및 돈대와 돈대를 잇는 방조제 지역 일대는 모두 일출 이후부터 일몰 전까지만 통행이 가능한 군사작전지역이라는 것이다. 따라서 일몰 이후 야간에는 통행이 금지된다는 사실을 명심해야 한다. 야트막한 고개 하나 넘어가면 밴댕이마을인 후포항*에 이른다.

*후포항 밴댕이마을

SBS 드라마 시티홀 촬영지로 밴댕이아가씨 선발대회 장면이 방송을 타기도 했다. 이곳은 밴댕이 잡이 배들이 하루 평균 십여 척씩 드나드는 데다 배 이름을 딴 횟집들이 포구를 따라서 횟집촌을 이루고 있기 때문에 싱싱한 밴댕이 회를 맛볼 수 있다. 밴댕이가 가장 맛있을 때는 4월 중순부터 7월 초까지다.

그 너른 들녘이 모두 바람의 나라다

고려장성 둑으로 바다를 막아서 낸 길

한여름 뙤약볕과 더불어 진녹색으로 이글거리는
망월평야에는 한없이 넓은 논과 그 위를 덮은 구름
한 점 없는 하늘이 전부다. 그리고 눈부신 수확의
계절, 가을걷이가 끝나고 겨울이 되면 찾아오는 사람
하나 없이 황량하게 버려진 땅, 오로지 방향을 잃고
이리저리 몰려다니는 바람만 광폭狂暴한 지배자로 남아
있을 뿐이다. 그리하여 초승달 떠오르는 망월돈대에
서면 깊게 패인 갯골이 앞을 가로막는다. 오래 전
바닷물 드나드는 갯골이었던 삼거천 따라서 창후리
선착장이며, 무태돈대까지 망월평야 한가운데를
수로 따라 질러서 가는 길은 그렇게 쓸쓸함이
강물처럼 흐른다. 믿을 거라고는 오로지 굴뚝 밖에
없다는 질기고도 억센 강화 사람들이 무태돈대에서
망월돈대로, 망월돈대에서 계룡돈대로 이어지는
고려장성 둑으로 바다를 막아서 만든 땅, 황청리
포구에서 망양돈대까지 잇는 길은 지금이라도 바닷가
어디에선가 그 옛날 마포나루까지 장작짐 실은 배를
띄우며 불렀던 '시선柴船 뱃노래'가 들려오는 듯하다.

화강암 벼랑 위에 세운 계룡돈대는 최근 복원을 마쳤다.

13 망월평야 달맞이길
22.58km, 5시간 40분

1. 석조여래상 정류소 ~ 안정골 포장도로 갈림길(0.77km)

강화지석묘 공원 지나서 48번국도 하점면 ❶ 석조여래상 정류소에서 내려 걷기 시작한다. 안정골 마을 포장도로를 따라서 계속 남쪽으로 가면 부근리 점골 고인돌에 이르는 길이다. 포장도로 왼쪽으로 접어들어 논길 따라서 440m쯤 가면 ❷ 봉가지(해발고도 14m)가 나온다. 봉가지에서 논둑길 따라서 330m 가면 마을 포장도로 갈림길(해발고도 19m)에 올라선다.

2. 안정골 포장도로 갈림길 ~ 하점교(3.91km)

포장도로 갈림길에서 다시 서쪽 논둑길로 내려서서 280m 가면 콘크리트로 포장된 농로에 이른다. 이 길 따라 북쪽으로 50m 간 후 왼쪽(서쪽)으로 140m 더 가면 10m 폭의 수로가 나타나기 시작한다. 수로 시작점에서 210m 더 가면 첫 번째 다리(해발고도 16m)에 이르고 수로는 폭이 20m쯤으로 넓어진다. 320m 더 간 지점에 두 번째 다리까지 가면서 해발고도는 14m에서 10m까지 낮아진다. 두 번째 다리에서 210m 더 가면 해발고도는 8m까지 낮아지고 수로에는 갈대가 자라고 있다. 여기서 210m 지점에 세 번째 다리가 나오며 해발고도는 6m, 수로 폭은 50m로 넓어진다. 세 번째 다리에서 320m 더 가면 수로 폭은 60m까지 넓어지고, 370m 더 간 지점에 네 번째 다리가 나온다. 이 부근 일대는 해발고도가 5m까지 낮아진다. 다섯 번째 다리는 640m 더 간 지점에 있으며, 여기서 590m 더 가면 수문을 겸한 여섯 번째 다리에 이른다. 수문 다리에서 570m 가면 아스팔트 도로 위에 올라서는데 이는 북쪽 이강삼거리와 남쪽 신삼리를 잇는 길이다. ❸ 하점교를 건너서 오른쪽 둑길로 접어든다.

3. 하점교 ~ 무태돈대(4.2km)

하점교에서 820m 가면 일곱 번째 다리를 지나며 1.44km 더 간 지점에 여덟 번째 다리가 있다. 여기서 다시 1.44km 더 가면 수문을 겸한 다리를 지나며, ❹ 창후리 선착장은 큰길 따라서 320m 더 간다. 창후리 선착장에서 ❺ 무태돈대는 180m 떨어져 있다.

4. 무태돈대 ~ 양식장끝(1.53km)

무태돈대 북쪽은 길이 나 있기는 하나 군 부대에서 민간인 출입을 통제하고 있는 이른바 '민통선' 지역이다. 길을 되짚어 수문 다리까지 470m 온 다음 80m 더 가면 갈림길에 이른다. 오른쪽 길을 택해 가다 보면 바다 쪽으로 양식장이 길게 조성되어 있다. 양식장은 700m쯤 가야 끝이 난다.

5. 양식장끝 ~ 망월돈대(4.94km)

양식장 지나서 방조제 따라 망월돈대까지는 2.93km 거리다. ❻ 망월리 교회를 둘러보려면 방조제 중간 1.55km 지점에서 콘크리트로 포장된 왼쪽 농로로 내려선다. 여기서 1.71km 가면 망월리 마을을 통과해서 종이학 모양의 망월리 교회 앞에 이른다. 교회에서 남쪽으로 300m 가면 넓은 수로에 이른다. ❼ 망월돈대는 이 수로 따라서 바다 쪽으로 1.38km 더 간다.

6. 망월돈대 ~ 계룡돈대(2.61km)

망월돈대에서 갯골을 건너갈 수 없기 때문에 수문 다리까지 200m쯤 길을 되짚어 나온다. ❽ 계룡돈대는 바닷가 방조제 따라서 2.41km 더 간 지점에 있다.

7. 계룡돈대 ~ 외포리 망양돈대(4.62km)

계룡돈대에서 포구가 있는 ❾ 황청리까지는 1.51km, 여기서 1.21km 더 가면 ❿ 삼암돈대에 이른다. 외포리 ⓫ 망양돈대는 삼암돈대에서 1.9km 거리에 있다.

여행정보

ⓟ 차를 가져갈 경우 강화풍물시장 주차장이나 외포리 망양돈대 아래, 삼별초 유허비 부근 주차장에 세워두면 좋다.

ⓜ 대중교통을 이용한다면 하점면 석조여래상 정류소부터 시작한다. 강화버스터미널에서 창후리나 외포리행 군내버스를 타면 된다.

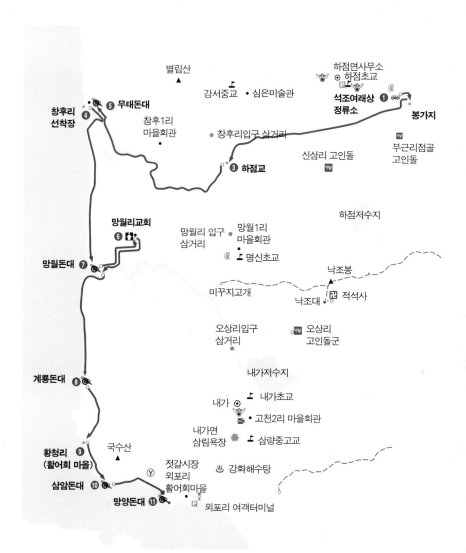

별립산 ▲

강서중교 · 심은미술관

하점면사무소
하점초교
석조여래상
정류소 ❶

봉가지

창후리
선착장 ❹
❺ 무태돈대

창후1리
마을회관

창후리입구 삼거리

부근리점골
고인돌

신삼리 고인돌

❸ 하점교

하점저수지

망월리교회
❻

망월리 입구
삼거리

망월1리
마을회관

명신초교

낙조봉

망월돈대 ❼

미꾸지고개

낙조대

적석사

오상리입구
삼거리

오상리
고인돌군

내가저수지

계룡돈대 ❽

내가

내가초교

고천2리 마을회관

내가면
삼림욕장

삼량중고교

황청리 ❾
(활어회 마을)

국수산 ▲

젓갈시장
외포리
활어회마을

강화해수탕

삼암돈대 ❿

망양돈대 ⓫

외포리 여객터미널

① 망월평야길 중간에는 매점이나 음식점, 샘터 등이 없기 때문에 사전에 식수와 간식,
도시락 등을 준비한다. 창후리 선착장 부근 버스 종점에는 식당과 상점이 있다. 점심을
이곳 식당에서 먹는 것으로 일정을 잡는 게 여러모로 유리하다. 황청리 포구마을과
외포리에도 상점과 식당이 여러 곳 있다. 화장실은 창후리 선착장, 망월교회, 황청리,
외포리 등에 있다. 여름철에는 망월교회 부근을 제외하고는 햇빛을 피할 수 있는
그늘이 없기 때문에 차양이 넓은 모자와 선글라스, 선크림 등이 필수다. 반대로
겨울철에는 허허벌판에서 매서운 바람을 고스란히 받기 때문에 얼굴 전체를 감쌀 수
있는 마스크나 복면모와 오리털 방한복 위에 바람막이 옷(고어텍스 재킷)을 입어야
하며, 방한모와 장갑 또한 필수다.

망월평야길. 물 흐르듯 수로 따라 걸으면 어느덧 바다에 이른다.

물 흐르듯 수로 따라서 걷다

길을 찾느라 조바심내거나 헤맬 필요가 없다. 봉가지부터 시작해서 삼거천 따라 가는 망월평야길은 그냥 뚜벅뚜벅 들녘 한가운데로 걸어가면 된다. 신호등도 없으며, 다니는 사람조차 없으니 이리저리 눈치 볼 것도 없다. 그냥 용감하게 물이 흐르는 대로 따라서 바다를 향해 걸어가면 된다.

하음 봉씨 시조 설화를 간직한 봉가지*는 48번 국도 논 한가운데 남아 있는 연못이다. 여기를 중심으로 가시권 안에 부근리 점골 고인돌이라든가, 봉천산 봉천대가 있으며, 봉천산 기슭에 봉은사지 오층석탑, 석조여래상이 분포하고 있다는 사실은 강화 지석묘 공원과 더불어 이 일대가 선사시대 이래로 중요한 위치였음을 입증한다. 눈 밝은 이라면 안정골에서 논 한가운데로 지나는 포장도로가 미세하나마 봉천산과 고려산에서 뻗어내린 산줄기를 뿌리로 한 동서 분수계라는 사실을 알아차릴 법도 하다.

동쪽 봉가지 일대가 해발 14미터인데 비해서 중앙을 차지하고 있는 안정골 포장도로 갈림길은 20미터쯤으로 6미터나 더 높다. 특히 삼거천 따라서 서쪽으로 걷다 보면 계단식으로 점차 낮아지는 지형상의 특징이 여실히 드러난다. 망월평야 방조제가 없다면 삼거천 일대는 대략 해발 8~9미터 지점까지 밀물 때 바닷물에 잠기는 갯벌이었으니, 실로 엄청난 면적의 땅을 간척지로 얻은 셈이다.

망월평야가 안정골에서 부근리 점골로 이어지는 포장도로를 분수계로 하여 계단상의 지형이라는 사실은 삼거천 첫 번째 다리 부근의 해발고도가 16미터로 낮아지며, 여기서 300미터쯤 더 서쪽으로 내려가면 두 번째 다리에 이르는데 이 일대의 해발고도가 10미터까지 낮아진다는 데서 쉽게 알 수 있으며, 육안으로도 논 사이의 경계에서 그러한 표고차가 나타나고 있음을 구별할 수 있다.

*봉가지(奉哥池)

부근리 고인돌 공원에서 48번 국도 따라 서쪽으로 700m 가면 왼쪽으로 남문석재가 있다. 여기서 논 쪽으로 비석과 안내문 그리고 나무 몇 그루 서 있는 오래된 못이 보이는데 시멘트로 막아 약간의 물만 고여 있다. 논두렁 위에 하음봉씨 종친회에서 세운 '하음백 봉우유적비'와 안내문이 함께 있다. 봉가지는 지형상 봉천산 산줄기와 고려산 산줄기가 맞닿아 있는 분수계 상에 있는데, 48번 국도가 이 산줄기를 끊고 지난다.

소설가 구효서의 고향 창후리

오른쪽으로는 봉천산과 별립산, 왼쪽으로는 고려산, 정면으로는 석모도 상주산을 보며 걷는 길은 1킬로미터쯤 간 지점부터 수로 폭이 50미터 이상 넓어진다. 석모도와 바다를 사이에 두고 떨어져 있음에도 불구하고 상주산은 마치 망월평야 끝자락에 솟은 듯, 강화의 산처럼 여겨진다. 그래서 강화 사람들은 따로 석모도라 하지 않고 그냥 '삼산'이라 부르는 경우가 많다. 해명산, 상봉산, 상주산 등 석모도가 품은 세 개의 산을 뜻하거나 또는 '삼산면'이라는 행정 구역을 뜻하는 지명이기도 하다. 한 시간 남짓 가면 북쪽 이강삼거리와 남쪽 신삼리

창후리 선착장 옆 수산물을 파는 작은 상가(왼쪽)와 무태돈대에서 바라본 창후리 풍경(오른쪽).

를 잇는 아스팔트 도로와 하점교에 이르고, 여기서 창후리 무태돈대*까지는 한 시간을 더 간다.

교동도 가는 배를 타는 창후리 선착장은 민통선이 가까워서 그런지 외포리와는 분위기가 사뭇 다르다. 그나마 선착장 옆에 활어회와 각종 건어물을 파는 상가가 작은 어시장을 이루고 있어서 활기를 띠지만 후포항이나 황산도 포구에는 미치지 못하는 형편이다.

소설가 구효서의 고향이기도 한 창후리는 봄철 황복이 많이 잡히는 곳으로 유명하다. 그러나 가격이 너무 비싸서 보통 사람들은 감히 맛볼 엄두도 못내는 '귀하신 몸'이니, '황복마을'이라는 간판은 그야말로 '그림의 물고기'를 그려놓은 그림인 셈이다.

한때 창후리 앞바다에 뻘이 많이 쌓였을 때는 교동도를 바로 가지 못한 적도 있었다. 불과 15분이면 건너갈 수 있는 뱃길인데 뻘을 피해 황청리까지 돌아서 가야 했으며, 40분 이상 걸리곤 했다. 그러나 요즘은 창후리 앞바다를 가로막던 뻘이 사라졌는지 교동도행 배들이 거침없이 드나들곤 한다.

만리장성둑이 여기 있다

허허벌판인 망월리에서 단연 사람들의 시선을 잡아끄는 것은 종이학처럼 생긴 건물이다. 누구라도 도대체 저게 무엇인지 가서 확인해보고 싶은 마음에 걸음이 절로 빨라지는데 가까이 갈수록 영락없는 종이학이라서 더욱 궁금해진다. 두물머리에도 종이학처럼 지은 카페가 있는데…… 십자가와 종탑은

종이학을 연상케 하는 망월교회(왼쪽)와 스테인드 글라스로 장식된 내부 유리창(오른쪽).

그러한 기대를 여지없이 무너뜨리고야 만다. 1999년에 세워진 이 건물은 바로 감리교 망월교회로서 성서에서 성령을 상징하는 비둘기를 형상화한 것인데, 전체적인 느낌은 종이학에 가까운 건물이 되고 말았다. 1900년 4월에 초가집을 기도처로 하여 시작된 것이니, 망월교회는 100년을 훌쩍 넘긴 역사를 자랑한다.

학의 부리 부분 아래쪽에 종이 매달려 있는 점이 특이한데, 뜻밖에도 꼬리 쪽에 출입구가 나있다. 게다가 성당 내부 유리창은 모두 스테인드 글라스로 장식했으며, 교회 마당에 예수상을 세워놓은 점 또한 특이한 것으로 꼽힌다.

망월리에 사람이 살기 시작한 것은 고려 고종 때 몽골에 대항하여 강화로 천도하면서 창후리에서 황청리에 이르는 만리장성 둑을 쌓으면서부터다. 이 둑은 길이 5킬로미터, 높이 7미터, 너비 15미터 규모였으며, 내부에 수문 6개소, 앞문 6개소까지 갖춰 방조제 역할을 함으로써 자연스럽게 간척지를 얻기에 이른 것이다. 여기에 더하여 1960년대 후반에는 만리장성 둑 바깥으로 제방을 쌓아 농지

*무태돈대

인천광역시 문화재자료 제18호. 강화군 하점면 창후리 산 151-4 바닷가, 창후리 선착장을 내려다보는 위치에 있다. 이 돈대는 조선 숙종 5년(1679)에 유수 윤이제가 재임 시 축조했다. 삼도 수영의 외곽 수비돈대 기능을 가진 장방형의 이 돈대는 둘레 210m, 성곽 폭은 2m이며 바다를 향해 포좌 4개소가 설치됐다.

해안방어 요지에 축조한 망월돈대.

를 조성했는데 새롭게 얻은 땅이 59헥타르177,000평이었다.

120여 호에 달하는 망월리 사람들은 1960년대 까지만 해도 식수 부족과 아울러 겨울바람은 물론이고 봄철까지도 바닷바람 때문에 추위가 심해서 고통을 겪었다. 바람이 세기 때문에 굴뚝을 지붕 위로 높이 세워야 하는 것은 물론이고, 집 주위로 1년 내내 '떼날래'를 쳐서 바람을 막았는데, 모처럼 찾아온 친척이나 손님들이 문을 찾지 못하고 되돌아가거나, 온 동네를 두세 번 돌다 왔던 집으로 다시 가기도 했다.

망월돈대에서 계룡돈대로

장방형으로 축조한 망월돈대*는 내가천이 갯골로 이어지는 곳에 있다. 해안 방어에는 요지임에 틀림없는 이곳은 지금과 같은 간척지 평야가 없었던 시절 물때를 맞춰서 배가 드나들었을 터, 어선 몇 척이 갯골 주변에 정박해 있는 게 눈에 띈다.

갈대 무성한 수로 따라서 걷는 길은 창후리에서 망월돈대에 이르는 지역이

복원 전 수풀 속에 묻혀 있던 계롱돈대. 지금은 화강암 성벽을 쌓아 복원했다.

으뜸인데, 특히 창후리에서 망월리 해안 지역은 방조제 바깥쪽 갯벌의 침식을 막기 위해 1980년대 초반부터 축조한 그로인groin, 해안의 모래가 유실되는 것을 억제하기 위해 설치하는 구조물이 눈길을 끈다. 조류의 변동으로 인해 석모도와 망월리 사이의 수로에는 새로운 갯벌이 형성된 반면, 창후리에서 망월리에 이르는 갯벌이 침식되는 현상이 벌어지고 있는 것이다.

쌓은 지 20년이 넘는 그로인은 더러 무너지기도 하고, 새로 쌓은 그로인 사이로 뻘이 퇴적되면서 소기의 목적을 달성했지만, 강화도 해안 뿐 아니라 교동도 북쪽과 석모도 동쪽 해안도 똑같은 상황이 벌어지고 있다. 이러한 해안지형의 변화에는 교동도와 강화도 북쪽 수로 한가운데 거의 교동도만한

*망월돈대

강화군 하점면 망월리 2107번지 바닷가에 있는 이 돈대는 인천광역시 문화재 자료 제11호다. 40~120cm의 돌을 직사각형으로 쌓아 올린 것으로, 성곽 위로는 흙벽돌로 낮게 쌓은 담장이 둘러져 있었으나 지금은 그 흔적만 남아 있다. 관리는 관아에서 따로 돈장을 두어 관할하도록 했다. 조선 숙종 5년(1679), 병조판서 김석주의 명으로 유수 민진원이 어영군을 동원하여 쌓아올렸다. 이 일대의 둑을 일명 '만리장성둑'이라고도 불렀다.

면적으로 형성된 거대한 갯벌에서 비롯되는 조류의 변동 때문인 것으로 추정할 뿐이다.

망월돈대에서 흡사 섬처럼 남아 있는 계룡돈대*까지는 둑길로 이어진다. 화강암 벼랑 위에 세운 계룡돈대는 최근까지도 무너진 채 수풀 속에 방치돼 있었는데, 2009년 복원 작업을 마친 후 새로 쌓은 화강암 성벽이 영 낯설고 멀게만 느껴진다. 그냥 무너져서 100여 년 가까이 여기저기 흩어져 있던 이끼 낀 성돌 그 자체가 계룡돈대의 원래 모습은 아니었음에도 말이다.

'한강 시선 뱃노래' 간직한 황청리 포구 마을

마포나루까지 배가 드나들던 시절, 황청리는 고깃배뿐 아니라 장작을 가득 실은 '시선柴船'으로 붐볐다. 염하 따라서 월곶나루에 집결하던 삼남의 조운선 과는 달리 강화 '시선'은 겨울이 되기 전 한양 사람들 땔감이며, 새우젓과 소금을 맡아서 공급해 주었던 주역인 셈이다. 밀물 때를 맞춘다고 해도 한강을 거슬러 올라가는 일은 그리 쉽지 않았으니, 이 포구 마을에 구전되는 '한강 시선 뱃노래'를 통해 당시의 사정을 짐작해볼 수 있기도 하다.

에엥 차아
저달 뜨자 배 띄우니
우리배 출범 잘 되누나
에엥 차아

바다 우에 저 갈매기
안개 속에 길을 잃고
까욱까욱 울어댄다
에엥 차아

저 달 지면 물참 된다
달 지기 전에 빨리 저어

강화도와 석모도 사이의 수로를 감시하고 방어하는 임무를 맡았던 망양돈대.

향교참을 대어보세
에엥 차아

강비탈에 젊은 과부
뱃소리에 잠못 든다.
헤엥 차아

염창목을 올라서니
선유봉이 비치누나
선유봉을 지나치니
장유들 술집에 불만 켰네

마포에다 배를 대고

*계룡돈대

인천광역시 기념물 제22호인 계룡돈대는 강화 54돈대 중 유일하게 석축 하단에 '1679년(숙종 5년) 경상도 군위 어영군 축조(康熙 18年 軍威禦營築造)'라는 연대가 표시되어 있다. 이 돈대는 황청리 앞 들판 끝 서해안의 작은 섬처럼 생긴 언덕에 위치한다. 화강암으로 축조한 길이 30m 너비 20m의 장방형 돈대로 3면은 석축으로 되어 있고 해변을 향하여 정면으로 적을 볼 수 있도록 만들었다. 현재는 북면만 원형을 보존하고 있고 동, 서, 남 3면은 많이 파괴되어 토축만 남아 있다. 현재 돈대의 석축높이는 3m~5m다.

망월돈대 근처 갯골 주변에 정박해 있는 어선.

고사술을 올려주면
한 잔 두 잔 먹어보세
헤엥차아

- 강화군 내가면 황청리 / 조용승 외

황청리 포구에서 삼암돈대*까지는 언덕길이 이어지며, 전망 좋은 고갯마루에는 공동묘지가 있다. 삼암돈대는 이 중에서 주변 바다 조망이 가장 뛰어난 곳에 자리하는데, 보존 상태도 양호한 편이다. 망월돈대부터 계룡, 삼암, 망양돈대까지는 모두 강화도와 석모도 사이의 수로를 감시하고 방어하는 임무를 맡았지만, 특히 높은 곳에 자리한 삼암돈대와 망양돈대야말로 요새다운 요새로 꼽힌다.

＊삼암돈대

내가면 황청리에 있는 강화 53돈대 중 하나로 건평돈대, 망양돈대, 석각돈대와 더불어 정포보가 관할하는 돈대다. 1679년에 축조되었으며, 둘레 91보에 4개의 포좌와 치첩이 55개소 있었다고 전하나 현재는 포좌와 더불어 성벽만 남아 있다.

강원도 산골 같은 곳이 여기 있다

잊혀진 고개 넘어 고려 이궁 찾아가는 길

강화도 최남단에 동서로 길게 뻗어 있는 마니산은 그 자체로 하나의 섬이자, 작은 세계, 또 다른 우주였다. 단군시대 이래로 산꼭대기에 우뚝 솟아 있는 참성단이 이 우주의 중심이자 해와 별을 영접하는 성소였으니 말이다. 이토록 성스러운 산의 서쪽 허리를 남북으로 가르며 넘어가는 길이 생긴 것은 그 자체가 불경스럽기 그지없으니만큼 그리 오래 전의 일은 아닌 듯하다. '매나 날아서 넘어 다닐 수 있는 험한 고개'라는 데서 유래한 '매너미고개'라는 이름에서는 조붓한 산길로 이어지던 그간의 사정을 짐작할 수 있다. 강원도 산골에 든 것 같은 분위기를 풍기는 이 고갯길에도 예외 없이 콘크리트 포장도로가 깔리고 아래 위로 팬션이 들이닥치고야 말았지만 40여 년 전, 걸어서 넘나들던 이들의 사연을 더듬어 볼 수 있어 정겹기만 하다. 이 고갯길을 한층 더 빛나게 하는 것은 바로 날머리에서 만나는 고려시대의 이궁지인데, 주변에 위치를 알리는 변변한 표지 하나 없이 무너져가는 석축 위에 안내판 하나만 달랑 세워 놓은 무관심이 안타깝다.

봄빛 머금은 매너미고개 풍경.

14 마니산 매너미고개길
5.26km, 2시간 10분

1. 화도버스터미널 ~ 내리 동산말(0.9km)
❶ 화도버스터미널에서 남쪽 마니산 방향으로 60m 간 후 화도초교 앞에서 오른쪽 길을 택한다. 왼쪽 길은 마니산 국민관광지 주차장 방향이다. 여기서 840m 더 가면 서구촌 지나 내리 덕골 버스정류소가 있는 ❷ 동산말 갈림길에 이른다.

2. 내리동산말 ~ 작은매너미고개(1.5km)
갈림길에서 왼쪽 길을 택한다. 오른쪽 길은 후포항 거쳐 장곶으로 넘어가는 길이다. 갈림길에서 성공회 내리교회 지나 260m 가면 다시 갈림길이 나온다. 여기서 왼쪽 길이 마니산 넘어가는 매너미고개길이다. 콘크리트 포장도로 따라서 1.24km 가면 ❸ 작은매너미고개 마루에 선다. 고개 왼쪽(동쪽)은 마니산 참성단으로 이어지는 등산로, 오른쪽(서쪽)은 상봉(254.6m) 지나 선수마을로 내려서는 길이다.

3. 작은매너미고개 ~ 매너미고개(0.93km)
작은매너미고개에서 130m 내려오면 산골풍경팬션이 있는 갈림길이다. 오른쪽은 강화기도원 지나 장화리로 내려서는 길이다. 왼쪽 길을 택해 신선놀이팬션 지나 0.8km 가면 ❹ 매너미고개 마루에 올라선다. 겨울철 고개 북사면 길은 빙판을 이루기 때문에 차량통행이 금지되는 곳이다.

4. 매너미고개 ~ 고려이궁지(1.93km)
매너미고개에서 100m쯤 내려오면 왼쪽으로 '흥왕초등학교 1.5km'라고 적힌 바위가 있다. 여기서 200m 더 내려가면 갈지자로 꺾이는 가파른 구간에 이른다. 이곳에 하늘동산수양관이 있으며, 여기서 야생화농원인 호원산방까지는 570m 거리다. 호원산방에서 330m 더 내려가면 다리 건너 큰길에 내려선다. 큰길에서 왼쪽으로 100m가면 이궁지민박과 흥왕보건소를 지나고, 180m 더 가서 성공회 성당 가는 갈림길에 이른다. 여기서 150m 더 길 따라 들어가면 성공회 성당이 있고, 바로 뒤편 왼쪽으로 ❺ 고려이궁지 안내판과 석축 흔적이 있다.

여행정보
- ⓟ 차를 가져갈 경우 화도면 마니산국민관광지 주차장에 세워두면 좋다.
- ⓑ 대중교통을 이용한다면 화도버스터미널부터 시작한다. 강화시외버스터미널에서 화도행 군내버스가 다닌다.
- ⓘ 매너미고개길 중간에는 상점이나 음식점 등이 전혀 없다. 사전에 식수와 간식, 도시락 등을 준비하는 것이 좋다. 화장실은 화도버스터미널, 마니산주차장 등에 있다.

화도버스터미널
❶

내리
동산말
❷

화도초교
보건지소
화도면사무소
심도중교

마니산
군립관광지

문산리

상방리

• 천제암궁지

작은매너미고개
❸

대한기도회

단군성전

마니산 수련원
매너미고개 ❹

참성단

흥왕리

❺ 고려이궁지
• 흥왕체험학습장

건물 벽을 장식한 십자가 문양이 시선을 끄는 성공회 내리교회. 오른쪽 길이 매너미고개로 이어진다.

100년 전 마니산 주변에 세워진 성공회 교회들

강화도에 지금처럼 포장도로가 사방으로 깔리고, 시내버스가 자주 다닌다면 사실 '매너미고개'는 생길 일이 없었다. 버스터미널이 있는 화도면 소재지에서 마니산 너머 장흥리까지 이어지는 교통편이 하루 한두 차례가 고작이던 시절, 바닷가로 이어진 길을 따르면 서너 시간 넘게 걸렸으니 '매너미고개'는 이 지역 사람들에게 걸어서 넘는 아주 요긴한 지름길로 통했다. 마니산 정상에서는 서쪽으로 1킬로미터쯤 이어지는 능선이 바로 이 '매너미고개'에 이르러 잠시 잦아들었다가 다시 상봉으로 4킬로미터 뻗어나간 후 선수마을에서 후포항 앞바다로 가라앉으니, 요즘은 함어동천이나 정수사를 들머리로 하여 마니산을 동서로 종주하는 산꾼들이 잠시 쉬었다 가는 곳이 바로 이 고갯마루이기도 하다.

'매너미고개' 가는 길목, 내리 동산말 갈림길에서는 성공회 내리교회와 건물 벽을 장식한 특유의 십자가 문양이 시선을 사로잡는다. 1901년에 세운 내리교회는 비록 당시의 건물은 아니지만 강화도에서 성공회의 번성과 관련하여 온수리나 흥왕리에 있는 성공회 교회들과 함께 눈여겨 봐둘 만하다.

1897년 당시 강화에서 성공회 성당을 세운 이는 고요한Charles Jone Corfe 초대주교였다. 옥스퍼드대 출신인 그는 24세부터 영국 해군의 군종 사제였으며, 47세 때인 1890년 조선 초대주교로서 제물포항에 첫발을 내디뎠다. 1905년 조선을 떠날 때까지 16년 동안 특히 강화도에서 강화읍교회를 시작으로 불온면 넙성교회1901, 양도면 삼흥리 삼흥교회1901, 화도면 내리교회1901, 화도면 흥왕리교회1902, 화도면 선수리교회1902, 선원면 내정리교회1905 등을 세웠으며, 이후 양사면 길상면 온수리교회1906, 인화리 송산교회1907, 삼산면 석포리 삼산교회1906, 길상면 초지리교회1915, 등 10여 개의 성공회 교회가 급속히 번성하는 데 크게 공헌했다. 코프 주교의 이러한 활동과 강화에서의 성공회의 번성은 본토인 영국에서도 경이롭게 여길 정도였다고 한다.

조선 최초의 해군사관학교

유독 강화에서 성공회가 이토록 성공을 거둔 이유는 무엇일까? 여기에는 구한말 선진 열강의 무력에 시달리던 조선 사람들의 정서가 그대로 반영돼 있음을 무시할 수 없다. 특히 병인양요나 신미양요, 운양호 사건 등을 통해 차례로 프랑스와 미국, 일본군으로부터 직접 침탈을 당한 바 있는 강화 사람들에게 영국과 영국인은 최소한 믿고 의지할 만한 대상이었다는 점이 중요하다. 게다가 1894

통제영학당지

조선 고종 때인 1893년에 설치된 우리나라 최초의 근대식 해군사관학교로 현재 강화대교와 강화교 사이에 터만 남아 있다. 개항과 더불어 해양 방어의 일환으로 군함의 건조와 도입을 추진했으나 인재 부족, 재정 궁핍, 청나라와 일본의 방해 등으로 효과를 거두지 못하자 그에 필요한 인재를 양성하고자 강화읍 갑곶리 1045-1 일대에 건물을 신축했다. 그러나 동학농민전쟁과 청일전쟁 등으로 교육이 순조롭지 못하다가 1896년 5월 영국 교관들이 귀국한 후 폐교되었다.

년, 고종의 명으로 영국 해군 장교 출신 콜웰과 커티스가 지도하는 우리나라 최초의 해군사관학교 '통제영학당'이 강화 갑곶진에 설치됐고, 1895년까지 350명의 생도들이 영어로 교육을 받았다는 사실은 영국과 조선의 우호적인 관계를 입증한다. 비록 일본의 간섭으로 해군사관학교는 폐지되었지만, 1897년 성공회의 조선 초대주교 코프 신부가 강화에서 선교활동을 시작하자, 성공회 교회가 곳곳에 설립됐으며, 100년이 넘은 지금까지도 강화 땅에 굳건하게 뿌리내린 것을 보면 알 수 있다.

한 가지 흥미로운 사실은 1901년과 1902년 사이에 마니산을 중심으로 하여 화도면 북쪽의 내리, 남쪽의 흥왕리, 서쪽의 선수리에 교회가 세워진 점이다. 코프 주교가 마니산 정상에 위치한 참성단의 존재를 알고 있었는지는 모르겠으나 오랜 세월 강화 사람들의 정신적인 지주나 마찬가지였던 마니산 주변에 교회를 세운 것은 엄연한 사실로 남아 있다. 또한 강화읍교회 다음으로 가장 먼저 광성보 부근 넙성리에 교회를 세웠는데, 광성보는 신미양요 당시 어재연 장군 이하 조선군이 미국 해병대로부터 전멸 당했던 곳이라는 점 또한 주목되는 부분이다.

'삼간'이 조화롭지 못한 곳에 상처가 남는다

마을을 벗어나 본격적인 고갯길로 접어들면 길은 서서히 가팔라진다. 어차피 넘어야 하는 고개라면 굳이 서둘러서 힘들게 넘을 필요는 없는 일이다. 쫓기듯 산길을 오르내리는 어리석음에서 벗어나 어머니의 품처럼 한없이 푸근한 산으로 드는 길, 마음은 더없이 평화로워지고 비로소 여유를 찾은 두 눈은 주변의 신록이 얼마나 아름다운지 발견한다. 간혹 스치는 바람은 또한 얼마나 부드럽고 향기로운가. 이 축복과도 같은 공간 속에서 살아 있는 날의 행복과 더불어 시간이 잠시 멈추고, 인간과 공간, 시간의 '삼간三間'이 조화로운 경지에 이르는 것이니 마니산은 역시 성스러운 산임에 틀림없는 것이리라.

고개를 넘는다. '매너미고개'를 넘는다. 흥얼흥얼 콧노래 부르며 고개를 넘는다. 그 옛날 매가 넘어 다녔다 해서 '응유현鷹踰峴'이다. 해동청 보라매 앞세우고 매사냥 다니던 고개였던가, '매너미고개'를 넘는다. 더러 자전거로 이 고

100여 년 전 강화 땅 곳곳에 성공회 교회가 세워졌다. 그중 하나인 흥왕리교회.

개 넘는 패들이 '하늘재'라는 낭만적인 이름을 붙여 놓았지만 해발 200미터도 안 되는 처지에 백두대간 하늘재와 똑같은 이름을 갖는다는 건 턱도 없는 일. 게다가 엄연히 '매너미'라는 멋진 이름이 있음에야 그렇게 불러주는 게 옳은 일이다.

'삼간'이 조화롭지 못한 곳에는 '상처'가 남는 법. 매너미고갯길에도 채석장은 깊은 상처로 남아 있다. 아마도 자동차가 다닐 수 있을 만큼 넓은 길은 그때 생긴 듯, 부러진 뼈처럼 드러난 화강암 벼랑은 아물 수 없는 흉터나 마찬가지다.

매너미고개 일대는 강화도 속의 강원도

채석장 지나 갈지자로 이어지는 가파른 고갯마루에 서면 거기가 바로 '작은매너미고개'다. 어째

천제암궁지

마니산 참성단에서 천제를 지낼 경우 여기서 모든 것을 준비해서 올라갔다고 전한다. 고려시대만 해도 마니산 올라가는 길은 바로 이 천제암궁지를 거쳤던 것으로 보인다. 그러나 마니산 북쪽 기슭에 있으며 등산로가 나 있지 않아 일부러 발품을 팔지 않는 한 보기 힘든 곳이다. 건물터와 화강암 기둥 네 개, 그리고 주변에 샘이 하나 있다.

화도면소재지에서 문산리쪽으로 가다 문산리교회 부근에서 마을로 접어드는 길을 따른다. 민가 몇 채를 지나면 작은 농장이 나오고 갈림길에 이른다. 자동차는 여기까지 들어갈 수 있다. 계곡길과 능선길 가운데서 묘지로 향하는 능선길이 천제암궁지를 찾아가기 더 쉽다.

일부 사람들이 '하늘재'라고 부르기도 하는 매너미고개.

고갯길이 싱겁게 끝난다 싶어 주위를 살피면 왼쪽은 마니산 참성단으로 올라
가는 길, 오른쪽은 상봉으로 해서 선수마을로 이어지는 능선길 이정표가 서
있다. 고갯마루 바로 오른쪽 벼랑 일대에는 포개진 바위틈을 따라서 뚫려 있
는 천연동굴이 시선을 끈다. 그 아래쪽 바위틈으로는 수직으로 난 동굴도 있
다. 행여 사람이 빠질까 봐 나뭇가지로 얼기설기 엮어서 입구를 막아 놓았는
데 상당히 깊어 보인다.

일단 '작은매너미고개'에서는 강화기도원 거쳐 장화리로 내려서는 길이 갈
라진다. '매너미고개'*는 산골풍경팬션 앞마당으로 해서 왼쪽 산허리를 타고
이어지니, 여기를 놓치고 지나가면 본격적인 매너미 고갯길은 구경도 못하는
셈이다. 고갯마루 직전에 이르면 길은 제법 가팔라지고, 강원도 산골 같은 주
변 풍경에 원래 강화가 섬이라는 사실을 잠시 잊을 정도다.

고개 꼭대기에서 그다지 신통하지 않던 조망은 100미터쯤 내려가면서부
터 달라지기 시작한다. 멀리 발 아래로 보이는 건 흥왕리 들녘과 저수지, 갯
벌과 바다가 끝없이 펼쳐져 시원스럽기 그지없는 그림이다. 한 구비 휘도는
고개 길가에는 커다란 바위에 누군가 노란색 페인트로 '흥왕 국민학교 입구
1.5km'라고 써 놓았다. '인사를 잘 하는 어린이'라는 글씨까지 있는 걸 보면
최소한 초등학교가 국민학교로 불리던 시절, 이 학교 선생님이 써 놓았던 게

옛 '흥왕국민학교' 선생님이 매너미고개에 보태 놓은 사연 하나. 하늘재라는 글씨는 최근 덧칠한 것이다.

분명하다. 그리고 그 옆에 흰색 페인트로 쓴 '하늘재'는 분명히 나중 것임에도 불구하고 무례하게 먼저 글씨에 겹쳐져 있어 보는 이로 하여금 눈살을 찌푸리게 만든다.

고개 홀로 넘던 총각 선생님이 남긴 사연

알고보니 '흥왕국민학교 1.5km'는 1969년 당시 교대를 졸업하고 초임 발령받은 총각 선생님이 남긴 것이었다. 집이 인천이었던 그는 일요일이면 강화읍까지 와서 다시 화도면 소재지가 종점인 버스를 탔는데, 흥왕국민학교까지는 차편이 없기 때문에 매너미고갯길을 걸어서 넘곤 했다. 고개 중턱까지는 장화초등학교로 가는 선생님들과 동행을 해서 괜찮았지만 중간쯤에서 그 선생님들이 장화초등학교 쪽으로 가버리고 나면 혼자서 고개를 넘어야 했다. 자기 발소리에 자기가 놀라서 겁을 먹기도 하던 시절, 이제 막 스물한 살을 넘긴 총각 선생

*매너미고개

마니산 북쪽 상방리에서 남쪽 흥왕리로 넘어가는 고개. '매가 날아서 넘어 다닐 만큼 높다'는 데서 유래한 지명이지만 정작 해발 고도는 155m로 그렇게 높은 편은 아니다. 이 고개로 해서 마니산을 남북으로 종단하는 콘크리트 포장도로가 1990년대 말쯤 완공됐으나 겨울철에는 경사가 급하고 응달진 곳이 빙판길을 이뤄서 차량 통행이 금지되는 곳이기도 하다. 매너미고개 정상에서 흥왕리 쪽으로 내려가는 길은 강화도 남쪽 바다와 흥왕리 갯벌 조망이 뛰어나다.

무너져 가는 석축 일부만 간신히 남은 고려 이궁지.

님은 이 길을 걸어서 넘어 다니던 산 너머 동네 아이들을 위해서 막걸리 주전자를 든 기사 아저씨와 함께 페인트와 붓을 들고 산길을 숨차게 올라와서 길가 큰 바위에 정성 들여 이정표를 썼다. 그때 정성 들여 글을 썼던 선생님은 반백의 교장 선생님이 되어 교사 생활을 시작한 강화에서 마지막으로 교직을 마무리하기 위해 길상면 온수리 강남중학교에 부임했다는 이야기가 지난 2006년 인터넷신문을 통해 알려졌고, 매너미고개에는 그렇게 사연 하나 보태졌다. 현재 흥왕국민학교는 학생 수가 줄어들면서 폐교된 후 흥왕체험학습장으로 남아 있다.

야생화 농원인 호원산방을 지나 큰길까지 내려서면 매너미고갯길은 끝나고, 왼쪽으로 '이궁지민박'을 지난다. 커다란 바위에 '이궁지민박'이라 새겨 놓았기 때문에 누구나 쉽게 알아볼 수 있지만, 차로 지나다닐 때는 전혀 눈에 들어오지 않던 간판이다. 그런데 바로 그 '이궁지민박'이라 새겨진 바위가 유일하게 고려 이궁지* 가까이에서 위치를 알리는 안내판 노릇을 하고 있을 뿐, 어디에도 이궁지 진입로를 가리키는 표지가 없으니 답답한 노릇이다. 이궁지는 큰길에서 빤히 보이는 성공회 흥왕리교회 뒤편 왼쪽에 있는데, 무너져 가는 석축 일부가 간신히 고려 이궁이 한때 여기에 존재했음을 알리고 있다.

*고려 이궁지

향토유적 제13호. 강화군 화도면 흥왕리 산 404-1 일원에 위치한다. 고려 이궁지는 옛 고려시대 사찰인 흥왕사 가까이에 위치하며, 고려 고종 46년(1259) 풍수도참가 백승현에 의하여 건립되었다고 전한다.

이궁은 왕이 거동할 때 임시로 머물던 별궁으로, 역대 고려 왕조는 풍수지리설에 따라서 많은 이궁을 세웠다. 현재 이궁 건물은 멸실되고 폐허 위에 축대 일부와 주춧돌 몇 개가 남아 있을 뿐이다.

강화의 모든 것이 이 길에 있다

갑곶에서 외포리까지 강화 동서 횡단 길

갑곶돈대에서 시작해 고비고개 넘어
외포리까지 가는 길은 강화도를 동서로 횡단하는
코스다. 비록 강화가 우리나라에서 제주, 거제, 진도
다음으로 큰 섬이라고는 하지만 꼬박 한나절 걸어서
동쪽 끝에서 서쪽 끝 바닷가에 닿을 정도라면 그리 큰
섬도 아니라는 생각이 들기에 알맞은 거리다. 특히 현재
개천 둑과 농로로 남아 있는 이 길이 조선시대에는
갑곶나루에서 동락천 거쳐 강화읍으로 드는 주요
통로였으니, 이 길을 한 번쯤은 걸어봄직도 하다.
강화산성 서문에서 국화리 저수지 물가로 이어지는
길 역시 고려산과 혈구산 조망이 아름다워서 좋다.
고비고개를 넘은 뒤 적석사 가는 길목에서 갈라져
오상리 고인돌군으로 이어지는 2킬로미터 남짓한
길에서는 걷는 즐거움에 절로 행복해지며, 고려저수지
물가를 지나면 외포리 포구와 석모도가 한눈에
내려다보이는 고갯마루에 선다. 바다를 향해 뻗어 내린
가파른 길에서 비록 몸은 고달프고 다리는 아프지만
마음은 절로 느긋해진다.

고려산 그림자 곱게 드리운 국화저수지.

15 고비고개길
19.84km, 6시간 10분

1. 갑곶돈대 ~ 강화풍물시장(3.3km)

❶ 갑곶돈대와 이섭정, 강화역사관, 천연기념물 탱자나무, 비석군 등을 둘러보고 나서 ❷ 동락천 둑길 따라 2.31km 가면 합수머리에 이른다. 선행리 쪽에서 흘러내린 물과 동락천이 합쳐지는 곳이다. 여기서 동락천 복개 지점까지는 370m, 풍물시장까지는 200m 더 간다.

2. 강화풍물시장 ~ 상수문(1.71km)

❸ 강화풍물시장에서 공영주차장으로 사용되는 복개 도로와 강화읍내 거쳐서 서문 옆 ❹ 상수문까지는 1.71km 거리다.

3. 상수문 ~ 국화저수지(1.26km)

상수문과 복원된 강화읍성 성벽 사이로 덕신고교 운동장 주변을 지나가는 길이 나 있다. 400m쯤 가면 국화저수지로 올라가는 큰길에 이른다. ❺ 국화저수지는 여기서 들국화맨션 지나 360m를 더 간다. 저수지 제방은 철제 울타리가 있어서 들어갈 수 없다. 아스팔트길을 버리고 국화저수지 물가 낚시터로 난 길을 따라 500m쯤 가면 저수지 낚시터가 끝나고 작은 철제 다리를 건넌다. 상수문 옆길을 택하지 않고 강화산성 서문 삼거리에서 왼쪽 길을 택해 200m 가면 강화고교를 지나고 250m 더 가면 덕신고교다.

2. 국화저수지 ~ 고비고개(2.78km)

국화저수지로 흘러드는 실개울 둑 따라서 400m쯤 가면 큰길에 올라서고 다시 150m 더 가면 국정리 마을회관 지나 삼거리에 이른다. 삼거리에는 화단이 조성되어 있고 지붕 없는 정자가 있다. 이곳 삼거리는 서문 삼거리에서 48번 국도 따라 부근리로 가는 도중 좌회전해서 들어오는 길과 만나는 지점이다. 청련사 진입로도 이곳에 있다. 국정리 삼거리에서 230m 더 가면 갈림길이 나온다. 왼쪽은 황련사와 충렬사로 넘어가는 길이다. 오른쪽 길을 택해서 600m 가면 국화리학생야영장과 고려고종 홍릉 가는 진입로에 이른다. 여기서 고비고개로 올라가는 길 따라 300m 더 가면 왼쪽으로 유&준팬션이 보인다. 아스팔트길이 싫으면 팬션으로 내려가서 300m쯤 작은 고개까지 올라간다. 비포장도로가 시작되는 곳에서 오른쪽 능선을 100m쯤 타면 다시 고비고개길에 올라선

다. ❻ 고비고개 마루는 여기서 700m쯤 더 올라가서 혈구산 산행이 시작되는 안내판을 지난 지점이다.

3. 고비고개 ~ 고천리 연촌(1.94km)

고비고개 마루에서 내려서면 바로 오른쪽이 고려산 산행 들머리다. 아스팔트길 따라서 800m쯤 내려오면 버스정류소에 이른다. ❼ 고천리 연촌으로 내려가는 길이 이 정류소 뒤편으로 있다. 200m쯤 언덕길을 내려가면 민가를 지나고, 300m 더 간 지점에서 콘크리트로 포장된 연천 둑길에 올라선다. 여기서 300m 더 내려가면 고천리 고인돌군 1.8km 지점을 알리는 갈림길에 이르고, 연천 따라 다시 700m 더 가면 적석사 갈림길과 만난다.

4. 고천리 연촌 ~ 내가(고려)저수지(1.85km)

다리 건너서 연천 따라 계속 길을 이어나간다. 1.6km 가면 개울가에 소나무숲이 멋지게 드리운 곳을 지난다. 여기서 100m 더 가면 고천교와 큰길에 이르며, 바로 길 건너 150m쯤 더 가면 내가저수지다.

5. 내가저수지 ~ 오상리 고인돌군(2.03km)

⑧ 오상리 고인돌군은 고천교에서 **⑨** 내가저
수지를 왼쪽으로 끼고 아스팔트길 따라 간다.
1.13km 간 후 오른쪽 마을길로 접어들어서 산
기슭 따라 야트막한 언덕을 넘어 700m 가면 오
상리 고인돌군에 이른다.

6. 오상리 고인돌군 ~ 외포리(4.97km)

오상리 고인돌군에서는 길을 되짚어 내가저수지
큰길까지 나온다. 여기서 500m 물 따라 가면 저
수지 둑에 이른다. 430m 길이의 둑 아래로 길이
나있다. 둑 끝에서 200m 가면 사거리에 이르고
왼쪽 길로 1km쯤 가면 내가초등학교를 지난다.
여기서 고개 넘어 **⑩** 외포리까지는 2.14km 거
리다.

여행정보

- ⓟ 차를 가져갈 경우 강화역사관 주차장이나
  외포리 망양돈대 아래, 삼별초 유허비
  부근 주차장에 세워두면 좋다.

- ⓑ 대중교통을 이용한다면
  강화역사관 정류소부터 시작한다.
  강화버스터미널에서 해안순환도로를
  운행하는 시내버스를 타고
  강화역사관에서 내리면 된다.

- ⓘ 고비고개길 중간에는 매점이나 음식점
  등이 없기 때문에 사전에 식수와 간식,
  도시락 등을 준비한다. 강화역사관,
  강화풍물시장, 내가면소재지와
  외포리에 식당과 상점이 있다. 화장실은
  강화역사관, 강화풍물시장, 외포리
  여객선터미널, 내가면사무소 등에 있다.

이섭정 아침 풍경. 갑곶교에서는 이섭정 일대의 경관과 문수산이 아름답게 보인다.

염하 나루터 애환

갑곶돈대에 오르면 염하를 가로지르는 강화교*와 강화대교, 두 개의 다리가 잘 보인다. 지난 1997년에 개통된 강화대교 4차선 도로는 늘 오가는 차량들로 붐빈다. 그러나 1969년 강화교가 놓이기 전까지만 해도 갑곶에는 건너편 김포 성동나루를 배편으로 잇는 나루터가 있었다. 버스나 트럭도 48번 국도 서쪽 끝자락인 여기까지 와서는 어쩔 수 없이 나룻배 신세를 져야 했다. 그야말로 강화가 진짜 섬이었던 시절의 일이다. 더러 나룻배 타고 건너다니던 때의 일을 기억하는 강화 사람들에게 밀물 때 거센 물살에 배가 북쪽으로 떠밀려 올라가는 동안 자칫 월북이라도 할까 봐 안절부절하던 아찔한 체험은 이젠 까마득한 옛날이 되고 말았다.

한때 강화교가 놓인 곳은 다리 대신 흙과 돌로 메워서 김포반도와 연결한다는 야심찬 계획도 있었다. 군사 쿠데타로 집권한 어느 젊은 대통령 시절의 일이었다. 강화 사람들로서는 거절할 이유가 없는 희소식이었지만 그리되면

홍수 때 염하로 빠져나가던 한강과 임진강 물이 주변 지역 일대로 넘쳐서 대규모 수해가 예상된다는 지적 때문에 염하를 메워서 김포반도와 강화도를 잇겠다는 '큰소리'는 없었던 일이 되고 말았다.

1980년대까지만 해도 신촌에서 강화 가려면 해병대 검문소를 두세 군데 거쳐야 했는데, 마지막 검문소가 바로 2차선 도로가 지나는 강화교 입구 성동검문소였다. 오가는 버스를 세우고 올라타던 헌병 역시 옛일이 됐고, 폐쇄된 다리 위로는 상수도 파이프와 도시가스관이 빼곡히 들어서 있다. 하다 못해 자전거 도로라도 내줄 만한데 다리 양쪽 입구를 높은 철조망 울타리로 막아 놓은 데다 잡초까지 무성하니 비무장지대를 방불케 한다.

*강화교

1969년에 준공된 다리다. 그러나 바로 옆에 4차선 도로가 통과하는 강화대교가 지난 1997년에 들어서면서 강화교는 30년도 채 안 돼서 그 수명을 다하고 용도 폐기된 신세로 전락하고 말았다. 게다가 다리 양쪽에 철조망 울타리까지 설치해서 사람들의 접근을 일체 금지하고 있으니, 걷거나 자전거 타는 이들의 전용 다리로 개방될 날은 아주 멀게만 느껴진다.

강화도령이 가마 타고 지나갔던 '먹절길'

강화역사관 버스정류장에서 해안순환도로를 건너면 바로 '먹절길'로 접어든다. 갑곶나루에서 야트막한 구릉 언저리로 이어지는 '먹절길'은 그 옛날 한양을 오갔던 이들이 지나던 길이며, 조선 26대 임금이 될 강화도령이 가마 타고 지나갔던 등극길이기도 하다. 동락천 따라서 가려면 '먹절길' 말고 갑곶교에서 제방길을 택한다. 갑곶교에서는 이섭정 일대의 경관과 문수산이 아름답게 보인다. 갑곶돈대와 주변에 강화 외성이 생기기 전만 해도 동락천은 바로 염하와 이어지는 갯골이었다. 그러나 지금은 강화도 대부분의 하천이 그렇듯이 수문으로 하구를 막아서 농업용수를 가둬놓는 저수지로 활용되고 있다.

농업용수로 이용되는 동락천. 수면에 물그림자를 드리운 산이 바로 남산이다.

　잡초가 적당히 자라서 푹신한 길을 걷다 보면 문득 이 둑길만 비포장 흙길이라는 사실을 깨닫는다. 무슨 까닭인지는 모르지만 사방 논으로는 바둑판처럼 콘크리트 농로가 깔려 있는데 유독 동락천 따라서 이어지는 제방길만 비포장이다. 계속 그렇게 기적처럼 흙길로 남아 있기를 바라 보지만, 이 땅에서는 모든 길을 포장하려는 음모가 진행 중에 있으니 참으로 어려운 일이다.

　동락천 길 중간에서는 서쪽으로 남산과 고려산, 혈구산이 잘 보이고, 북쪽으로는 48번 국도 상에서 바쁘게 오가는 차량들의 행렬이 한눈에 들어온다. 가제골 버스정류장과 강화환경사업소를 지나면서 동락천길도 포장길로 바뀌고, 합수머리에 이른다. 왼쪽은 혈구산 쪽 선행리에서 흘러내린 물줄기, 오른쪽은 고려산 국화리 저수지에서 강화읍내 복개천 거쳐 흘러내린 동락천이다. 드디어 강화풍물시장 주차장으로 들어서는 길목에 서서 돌아보면 멀리 갑곶돈대와 아파트 단지가 성채처럼 들어선 먹절 일대가 아득하다. 복개 구간이 끝난 바로 이 지점에서는 하수도로 전락했던 동락천이 검은 터널 속에서 눈부신 햇빛 아래 뛰쳐나와 비로소 새 생명을 얻는다.

오상리 고인돌군 가는 길. 고려산 낙조봉과 낙조대가 잘 보인다.

혈구산 진달래 꽃불은 국화저수지에 잠기고

강화읍내를 지나 강화산성 서문 남쪽, 석수문에 이르면 48번 국도 아래를 흐르던 동락천이 다시 모습을 보인다. 덕신고등학교 지나 언덕길을 올라서면 국화저수지가 길손을 반기고, 저수지 물가를 따라 걷는 길이 호젓하다. 국화저수지 일대에서는 고려산과 혈구산 조망이 일품이니 고비고갯길 오르기 전 잠시 쉬었다 가기도 알맞다. 국화저수지 북쪽에서는 4월 중순 경 진달래 필 무렵 혈구산 북사면 정상 일대가 온통 분홍빛으로 물든 풍경이 선명하게 보인다. 그러나 아쉽게도 고려산 진달래 군락은 정상 북쪽과 서쪽 일대에 분포하기 때문에 혈구산과 고려산 사이에 있는 국화저수지에서는 보이지 않는다.

낙조대

고려산 적석사 바로 위쪽에 있으며, 자그마한 해수관음보살상을 모셔놓았다. 여기서 바라보는 해넘이는 강화 팔경의 하나로 꼽힌다. 바로 아래 고려저수지 일대는 물론이고 흡사 강물처럼 펼쳐진 외포리와 석모도 사이의 바다가 한눈에 들어온다.

국정리 청련사 진입로 지나서 황련사로 넘어가는 갈림길에서도 혈구산은 빼어난 산세를 뽐내며 솟아 있어 발길을 멈추게 한다. 거기서부터 고비고개 올라가는 길이 시작되고, 버스 정류장이 있는 고려 고종 홍릉 진입로는 왠지 모르게 어두운 느낌이 든다. 그나마 홍릉으로 올라가는 길목에 청소년 야영장이라도 들어서지 않았더라면 정말 쓸쓸할 뻔했다.

고려산과 혈구산이 서로 어깨를 나란히 하고 있는 고비고개[*] 마루에 서면 제일 먼저 반기는 건 혈구산 산행 들머리를 지키고 서 있는 등산로 안내판이다. 거기서 조금 내려가면 고려산 산행 날머리이자 들머리이고, 내가면 고천리 일대가 내려다보인다. 고려시대 강화읍에 고려궁이 들어서면서 임시 수도가 되자 고비고개 넘어 고천리 일대로 강화읍 치소가 옮겨왔고, '고읍古邑'을 뜻하는 '고비'가 고개 이름으로 남았다. 지금도 고천리 사람들은 고개 쪽을 윗고비, 아래 쪽을 아랫고비로 부른다. 고갯마루에서 고천리로 바로 내려가는 길이 있으면 좋으련만, 소나무 조림지역 외에는 걸음을 옮기기 힘들 정도로 수풀이 무성하다.

*고비고개

강화읍 국화리에서 내가면 고천리로 넘어가는 고개다. '고비'란 고려시대 읍치를 담당했던 '고읍'을 뜻하며, 실제로 고개 넘어 고천리 일대가 '고비'에 해당된다. 해발 170m로 북쪽으로는 고려산, 남쪽으로 혈구산이 자리하며, 나루고개, 나레고개라고도 불린다.

고천리에서 오상리 가는 길 호젓해

아스팔트길에서 불과 4~5분 내려가면 고천리 한가운데를 흐르는 연천 둑길에 선다. 그냥 구불구불 흐르는 자연 그대로의 물길이 아니라 어른 키보다 더 높은 제방을 쌓아서 가둬 놓았으니 도랑 치고 가재 잡을 일은 아예 원천봉쇄당한 셈이다. 연

←적석사 가는길. 노란 꽃잎 해맑은 개나리가 동무해 준다.

천 둑길 따라 가면서 몇 채 보이는 양철 지붕집은 강화도의 전형적인 가옥 구조를 지닌 농가다. 이런 집은 1970년대 지붕 개량하기 전에는 초가지붕이었으며, 적어도 지은 지 100년쯤 되는 집으로 보면 정확하다. 강화에서는 이제 그런 집이 점점 사라져가고 무너져가는 폐가가 줄을 잇는데, 한 번 도시로 떠난 이들은 다시 돌아오지 않는다.

고천교에서 적석사 가는 언덕길을 따르다 작은 고갯마루에 서면 '낙조대 800m' 이정표가 가파른 산길을 알리고 있다. 눈길을 끄는 또 하나의 안내판은 '고려산 할머니 족집게 보살 500m'. 바로 성광수도원 거쳐 오상리 고인돌군* 가는 2킬로미터 남짓한 길이기도 한데, 걸어서 그곳까지 가는 사람이 없으니 제대로 된 이정표 하나 없는 것 또한 당연한 일이다.

콘크리트로 포장된 적석사 올라가는 길에 비해서 오상리 가는 길은 산허리를 타고 이어지는 흙길이라서 걷기도 편하다. 게다가 적석사 낙조대와 주변 바위 봉우리들이 빚어내는 풍경이 볼 만하니, 강화 땅 걷는 길 가운데 둘째가라면 서러울 만한 곳이다. 물론 바닷가를 따라서 걷는 길도 좋지만 멀리까지 훤히 내다보이는 그런 길과는 달리 산과 일정한 거리를 두고 이어지는 오상리 꽃길은 바로 끝나버릴 것 같아서 조바심 날 정도로 아름답기조차 하다.

오래도록 걷고 싶은 욕심이 앞장 설 때쯤 마당 널찍한 집이 나타난다. 바로 '고려산 할머니 족집게 보살' 집인데 마당이 널찍한 족집게 보살 집은 돌로 쌓은 탑이 마치 대문이라도 되는 양 짖어대는 개와 더불어 길손을 반긴다. 조팝꽃과 개나리가 어우러진 울타리 지나 길이 구불구불 이어지고 아스팔트 길이 나타나면 바로 성광수도원 부근이다. 수도원까지는 사람 구경하기가 어려운데 작은 언덕길을 넘자 농가가 두세 채 있고, 밭일 하는 농부들이 보이니 비로소 사람 사는 세상에 이른 듯한 느낌이 든다.

석모도 앞바다 조망 즐기며 내려가는 길

바로 길가에 있는 오상리 고인돌군은 고려산에서 뻗어내린 산줄기가 작은 봉우리를 이룬 곳 북사면에 자리한다. 따라서 고려산 쪽을 향해 있는 셈인데 바로 가까이에 주차장까지 있으나 아쉽게도 화장실이 없다. 고인돌은 맨 위

가족묘 같은 분위기가 나는 오상리 고인돌군.

쪽에 있는 것이 가장 크고, 맨 아래쪽에는 뚜껑돌을 잃어버린 가장 작은 고인돌이 있다. 전체적으로 보면 흡사 가족묘와도 같은 분위기다.

고인돌을 뒤로 하고 고려저수지로 가는 길 중간에는 봉분들이 거의 평지처럼 납작해진 오래된 공동묘지를 지나고, 야트막한 고개를 하나 넘으면 바로 눈앞이 탁 트이는 곳, 고려저수지다. 지난 1957년에 조성된 이 저수지는 내가면에 있다고 해서 내가저수지로도 불린다. 물가를 따라서 길이 나 있고, 유료 낚시터와 더불어 띄엄띄엄 그림 같은 펜션이 들어서 있다. 저녁 무렵 적석사 낙조대에서 내려다보면 고려저수지 일대가 흡사 외포리 앞바다와 이어지는 바다 같다는 착각이 들기도 한다.

251

저녁 무렵 적석사 낙조대에서 내려다보면 고려저수지 일대가 외포리 앞바다와 이어지는 바다 같다.

내가면 소재지에서 외포리 넘어가는 고갯길은 국수산 중턱에 걸쳐 있어서 제법 가파른 편이다. 삼랑중고등학교 지나서 고갯마루에 서면 외포리 앞바다와 석모도가 발아래로 굽어보인다. 강화도 동서 횡단길의 마지막 고개에서 외포리 내려가는 길은 세 갈래다. 아스팔트길과 고개 바로 아래 마을로 쏟아질 듯 일직선으로 난 콘크리트 포장도로는 걷기에는 불편하다. 고갯마루에서 '언덕위에팬션' 지나 '강화안보수련원'으로 내려서는 샛길이야말로 바다 조망을 즐기면서 걷기에 딱 좋다. '강화안보수련원' 지나 외포리 선착장까지는 10분쯤 걸린다.

고려저수지

1957년 12월 31일 준공했으며, 면적 95.7㏊, 몽리면적 128.5㏊. 고려산, 혈구산, 덕산 줄기에서 흘러내리는 물을 저장하여 내가면 오상리, 구하리, 황청리, 하점면 신삼리 일대의 농경지에 용수를 공급해준다. 낚시터로도 인기가 높으며, 최근에는 저수지 주변의 수려한 풍광을 살린 팬션이 상당수 들어섰다.

살아 있는 역사박물관

강화 걷기여행

초판 인쇄 2009년 9월 25일
초판 발행 2009년 10월 10일

지은이   김우선
펴낸이   진영희
펴낸곳   (주)터치아트
출판등록 2005년 8월 4일 제406-2006-00063호
주소   413-841 경기도 파주시 탄현면 법흥리 1652-235
전화번호 031-949-9435 팩스 031-949-9439
전자우편 editor@touchart.co.kr

ⓒ 2009, 김우선
사진제공 _ 이형준(p.37, 98, 182, 198, 202)

ISBN 978-89-92914-25-3 13980